物理学家說文析理

A PHYSICIST'S INSIGHT INTO CULTURE

范洪义◎著

中国科学技术大学出版社

内 容 简 介

本书是理论物理学家范洪义教授在科研之余的畅怀俊语，其纵横之笔既抒理趣，也论识见。“文章得其微，物象由我裁”，读者可以体会这位在量子数学物理领域深有洞察的学者之随笔与文学家作品的异同，品鉴“孤韵耻春俗，余响逸零氛”，以扩展视野，丰富自己的文理修养，提高和谐自然的情趣。

图书在版编目(CIP)数据

物理学家说文析理/范洪义著. —合肥：中国科学技术大学出版社，2019.10（2024.11重印）

ISBN 978-7-312-04650-6

Ⅰ.物… Ⅱ.范… Ⅲ.物理学 Ⅳ.O4

中国版本图书馆CIP数据核字(2019)第117768号

出版 中国科学技术大学出版社
安徽省合肥市金寨路96号，230026
http://press.ustc.edu.cn
https://zgkxjsdxcbs.tmall.com

印刷 合肥华苑印刷包装有限公司

发行 中国科学技术大学出版社

开本 710 mm×1000 mm 1/16

印张 19.5

字数 236千

版次 2019年10月第1版

印次 2024年11月第2次印刷

定价 58.00元

自　　序

当今研理之人，日日交涉自然，深探奥秘，辨析疑义，专心劳肾，瞻万千气象以简明公式释之。见识之高可归于大雅风趣而不染儒迂，教诲之深可范之以正则睿智而不付巧言。

然任何探索未必建功于年。倘遇芜蓁之路，多涉往复而仍壅塞，则难免渐以因陈，滞兴会，失性情，落为迂腐学究也。故吾辈做物理者，当知目标圣真淹远，而察万象却非仗一腔热忱、赖一月之功。为绝矜持陈见，应将恋物华变故积淀之感、观物态环生偶然之思，凡有幽奇，不论错杂，启文通怀，露于笔端，自标自娱，裨益初心。

是以忙里索闲，挤一时空，打理散乱之念，摄归正意，继《理论物理学研随笔》一书，连篇续写余以理学人之思绪学古贤、观世物、量世情之短文，集成一册，名曰《物理学家说文析理》出版之。

唐朝高僧的寒山与拾得对话，拾得曰："我看世上人，都是精扯淡……"而鲁迅的《书信集·致增田涉》中写道："所谓'扯淡'一词，实较难译。"是否如清代孔尚任《桃花扇·修札》中所言："无事消闲扯淡，就中滋味酸甜。"

本书中的滋味，请读者自己体会，有误之处，望四方读者不吝指教。

目　　次

古文新识

1 曾国藩谈“能量”不连续

关于有温度的物体发出的热辐射在不同频率上的能量分布规律，普朗克指出必须假设光波的发射和吸收不是连续的，而是一份一份的，这样计算的结果才能和实验结果相符。这样的能量叫作能量子，每一份能量子等于普朗克常数乘以辐射电磁波的频率。

能量值只能是能量子的整数倍，即存在一个自然常数 $h=6.626196\times10^{-34}$ J·s 或 6.626196×10^{-27} erg·s（1 erg$=10^{-7}$ J）。这一假设后来被称为能量量子化假设，而常数 h 被称为普朗克常数。普朗克首次指出了热辐射过程中能量变化的非连续性。后来，爱因斯坦指出在光的传播过程中情况也是如此：当一束光从点光源发出时，它的能量不是随体积增大而连续分布的，而是包含一定数量的能量子……不随运动而分裂。

但是，怎么会这样呢？物体能量的变化怎么会是非连续的呢？人们更愿意相信，任何过程的能量变化都是连续的，而且光从光源中也是连续地、不间断地发射出来的。那么如何理解普朗克常数呢？于是，在能量量子化假设提出之后的十余年里，普朗克本人一直试图利用经典的连续概念来解释辐射能量的不连续性，但以失败告终。他只好无奈地说：“新理论最终被确立为真理是因为反对者慢慢老死了，而新的一代年轻人一开始就接受了它，不再反对。”啊哈，先入为主！

我在年轻时，为了理解能量的不连续性，曾经反复琢磨清代文人兼军门曾国藩的一段话：“凡精神（理解为能量），抖擞处易见，断续处难见。断者出处断，续者闭处续。道家所谓‘收拾入门’之说，不了处看其脱略，做了处看其针线。小心者，从其做不了处看之，疏节阔目，若不经意，所谓脱略也。大胆者，从其做了处看之，慎重周密，无有苟且，所谓针线也。二者实看向内处，稍移外便落情态矣，情态易见。”

为了弄懂这段话，我参考了明代高攀龙的笔记：“圣学全不靠静，但个人禀赋不同，若精神短弱，决要静中培拥丰硕。收拾来便是良知，漫散去都成妄想。”另外还请教了我的朋友何锐。

何锐对这段话很感兴趣，写道：“曾氏此语，出自《冰鉴》，极为后人所重。本义是用以识人鉴能的方法，具有极高智慧。范老师却从中看出能量存在的不连续性，可谓独杼新见。”最关键的一句“断者出处断，续者闭处续”，其义为“精神不足，是由于故作抖擞并表现于外；精神有余，是由于自然而生并蕴涵于内”。（译自网络）我们是否可以这样理解：精神有余，则视为高能状态，能量的不连续性就不明显；而精神不足，则视为低能态，精神的断续性（也就是量子性）就显示出来了。

可见，对于精神（能量）的不连续性，曾先生早就注意到了，早于1900年普朗克的报告。对于断续观察的“脱略”，曾先生也有些精辟的阐述，只是他没有确定能量子的值，而普朗克做了慎重周密的“针线活”确定了量子，所以诺贝尔奖还是应该授予普朗克。

文章写好了，自觉对曾先生之说扯上物理涵义，有牵强附会、望文生义之嫌。但将曾先生对精神断续的分析权且作为能量量子化的“对应”，尚可自娱自乐吧。再则说，大智如曾先生也确实有点先知先觉，倘若不是，那为什么从未见别人谈论过精神之断续呢？而且，曾国藩处事也常结合物理时空的性质，如他曾说：

“知天之长（时长）而吾所历者短，则遇忧患横逆之来，当少忍以待其定；知地之大（空广）而吾所居者小，则遇荣利争夺之境，当退让以守其雌。”

能量的断续与波粒二象同为量子力学之鼎足，我于是作诗一首：

混沌初开便量子，只是当年无禅师。
精神断续又振作，物质波动却粒子。
后羿射阳惧紫光，夸父逐日终累死。
我缘狄氏符号法，算符积分成新知。

曾国藩手书陆游的诗句“皃鼎煎茶非俗物，雁镫开卷惬幽情”

2
从韩愈和柳宗元的招生观联想到的

韩愈和柳宗元都是唐代的文学大师，用现在的话说，起码都是博士生导师，并且有真才实学。就他们的人品而言，他们对学生肯定是尽责的。

但是在收招学生方面，两人的观点却大相径庭。韩愈的做法是“不顾流俗，收召后学”。而柳宗元则不乐为师，他认为如果强颜为师，其后果可能是“且见非，且见罪”。

韩愈的学生中最好的是贾岛。贾岛曾带着自己的诗去拜谒韩愈，诗中有云：“青竹未生翼，一步万里道。安得西北风，身愿变蓬草。”可见其急于求师的意愿。而韩愈虽然乐于接收贾岛，谦虚一下还是要的，故回赠诗：“家住幽都远，未识气先感。来寻吾何能，无殊嗜昌歜。”

我的朋友何锐认为：“韩愈为了维护自己所倡言的‘道统必须力排众议、截断众流’，而努力去做一个传道、授业、解惑的师者。而柳宗元则是一个有隐士思想的人，他的‘孤舟蓑笠翁，独钓寒江雪’两句诗可谓唐诗中孤标傲世的典范，他的出世思想致使他不愿意混同于流俗，不愿意去做一个标榜自己的师者。由此分析，韩愈可能深受儒家入世思想影响，而柳宗元则受佛家和老庄的思想浸润很深，所以有出世的倾向。”这段分析，十分中肯到位。

而我原先却简单理解为：韩愈觉得自己本领大，终归有办法让“博士生”取得“学位”；而柳宗元则觉得无把握，若学生拿不到“博士学位”，会觉得对不住他们，得罪他们，多一事还不如少一事呢。

回顾我招收研究生的经历，多年来一直按韩愈的做法“不顾流俗，收召后学”，原因是我信心满满，觉得有自创的一套量子数理基础理论成竹在胸，总可以让学生完成学业。所幸我的学生都得到了相应的学位，有的还提前毕业了，没有出现“且见非，且见罪”的局面。

就几十年带研究生的经历，我觉得要做一个称职的导师，光停留在“传道、授业、解惑”层面还不够，尚需加上“质疑”，即培养学生发现问题的能力。

柳宗元47岁那年去世，韩愈伤感地为他写了墓志铭，内中提到：“子厚前时少年，勇于为人，不自贵重顾借，谓功业可立就，故坐废退。既退，又无相知有气力得位者推挽，故卒死于穷裔。材不为世用，道不行于时也。使子厚在台省时，自持其身，已能如司马刺史时，亦自不斥；斥时，有人力能举之，且必复用不穷。”

这段话揭示了柳宗元从少年时的“勇于为人”到后来的“且见非，且见罪”的原因。

韩愈接着又写道：“然子厚斥不久，穷不极，虽有出于人，其文学辞章，必不能自力，以致必传于后如今，无疑也。虽使子厚得所愿，为将相于一时，以彼易此，孰得孰失，必有能辨之者。”

这段话的要义是：如果柳宗元被贬的时间不长，他所受的困窘就不会有如此之深重，即便他有过人之处，但对于文学创作来说，他就不会下苦功夫，从而取得可以传之后世的业绩，这是不容置疑的；若让柳宗元如其所愿，出将入相，两种结果相交换，何为得，何为失，人们肯定能分辨清楚。

这是很有见地的评论。对照如今的学术界，一些像柳宗元那样有真才实学、贡献独到的人也还会遭遇排斥。能有多少人会心无旁骛地坚持做学问呢？占据较高学术地位、享受较高物质待遇的“大儒”是否真正有享于世、“传于后如今”的业绩呢？

指导研究生之“局外观棋指点易，心中郁结告人难”

合肥街头观棋场面，不乏诲人不倦者

3
从水浒人物史进、王进和李忠看师生关系

水浒人物“九纹龙”史进，是史家村史太公之子，在梁山好汉中排名第二十三位，马军八虎骑兼先锋使第七名，星号为“天微星”（为何起名“微”可以探讨），《水浒传》原著称赞他：“久在华州城外住，旧时原是庄农。学成武艺惯心胸。三尖刀似雪，浑赤马如龙。体挂连环铁铠，战袍风飐猩红。雕青镌玉更玲珑。江湖称史进，绰号九纹龙。”在《水浒传》一百零八将中，他第一个出场（为何施耐庵安排他第一个出场，在写作灵感、思路和技巧上值得探讨，清代文豪金圣叹曾慧眼独具给予评论。不但如此，金圣叹对史进的姓，以及“跳涧虎”陈达、“白花蛇”杨春的外号也有独到的见解）。史进是个性情中人，充满了少年意气，仗义疏财，助人不求回报。从小爱习武、弄枪棒，自“经了七八个有名的师父”后，一般人已经不被他放在眼里了。

因躲避太尉高俅迫害而逃亡的八十万禁军教头王进偶尔投宿史家庄，见史进在练习武艺，实在看不过去这稀松武功，点评史进练得只是花棒，上阵无用，史进不服要挑战王进，被王进轻巧击败。史进直性子，“服善”，心服口服扑地跪拜王进为师。在高手王进的精心点拨下，史进半年学到了上乘十八般武艺。王进离去，史进依恋不舍。

史进的率性真诚终使他学有所成，他的求师经历我试用一副对联描写：“师何常明经便是，道无二率性皆通。”

史太公死后，史进与少华山结交，不料被猎户李吉揭发，报告官府。华阴县县令派兵包围史家庄，史进和朱武、陈达、杨春一起杀败了官兵，史进不愿落草，愿终身追随恩师，听说他在老种经略相公处，便远去渭州寻王进（后又到延州继续寻师）。

读到此，读者也许以为史进只认了高手师傅王进。殊不料，史进在渭州结识了鲁达后，又在街上看到开手师傅打虎将李忠练武功卖膏药（金圣叹在此评曰："就师傅王进外另变出一个师傅李忠来，读之真如绛云在霄，伸卷万象，非复一日所得定也。"），史进在人从中主动向李忠打招呼，"师傅，多时不见"，并请喝酒。在酒楼里，史进谦恭地坐在饭桌的下首，可见史进是一个既讲义气又尊师的人，他并不因为以前师傅的武功不如现在的自己而傲慢不予理睬，也没有因在开手师傅那里没有学到真武功而恨其误人子弟。更可贵的是，即使有高手鲁达在场，他依旧尊敬李忠，不惮鲁达暗地里笑话他有那么武功平常的师傅。于是我们也就不难理解为什么在水浒众多人物中鲁智深与史进的关系最"铁"，后来还拚了性命孤身到华州衙门去救史进（比起他在野猪林中救林冲要凶险得多）。

我几十年来也带过不少徒弟，包括挂在别人名下却跟着我完成毕业论文的，然像史进那样天性淳朴、重义气的很少。我呢，却愿意像王进那样，教会徒弟，飘然而去。史进拜师的经历可为如今的研究生鉴，要寻一个名副其实的导师很难，因为当下有教授职称的不少，但难知晓到底哪位才是值得拜的。

史进的尊师也使我想起了物理学家法拉第。他原本是一个书籍装订工，后来追随化学家戴维。他名扬天下后仍视戴维为恩师，在接任皇家学院实验室的全权负责人的第一天时，他说："戴维是个天才。而我只是有点干劲。也许是比较大的干劲。然而只有天才进行创造，我只不过把天才所创造的事进行到底。"

史进的尊师还使我想起了物理学家伦琴。伦琴知恩图报，他早年得到物理学家康特教授的提携，后来康特患重病到深山去养病。当伦琴发现X光后立即写信给康特教授报告这一喜讯，但此信被退回，因为收信人已故。伦琴悲痛欲绝，深切怀念老师曾给予他的温暖与鼓励，并将自己的荣誉归功于康特。

4 袁宗道的搪塞

明代万历年，进士袁宗道在《杂说》一文中曾写道："拥炉次，忽闻咄咄之声，细听乃出汤瓶中。童子曰：'何也？'余曰：'地水火风，激而为此声也。'童子又曰：'人之咄咄嗟叹，谁激之乎？'余曰：'亦地，亦水，亦火，亦风也。我也，尔也，汤瓶也，此三物者等耳。'"

听到火炉上水壶里的水在突突地响，袁宗道的小书童问："这是为什么？"袁答道："是水、风、地、火。"小童接着问："人的咄咄叹息，又是如何激发的呢？"袁答："也是水、风、地、火，我、你和水壶是一样的啊。"

我的评论：人说袁宗道"务此大事，不怙小解，惟求实知"。其实不然，他对小孩的问题根本没有能力回答，也不愿做深入研究，面对壶中水分子的宏观运动，错失了提出分子热运动的机会，也失去了成为"中国的瓦特"的机会。而这位小童呢，真是善于提出好问题，而且善于联想，他接着问人的声音是如何发出的呢？可惜袁氏自以为是大学问家，以一个似乎有禅意的话搪塞了过去。但不应把禅语作为不愿做物理思考的挡箭牌。

童子的第二问使我想起：费恩曼的父亲又一次问费恩曼，原子中电子的跃迁怎么能发出光来？费恩曼以声带振动发声来比拟，但未能使父亲满意。

历史上，很多成年人对这个世界已没有好奇感，袁宗道说的"地、水、火、风"是佛教的四界(或四大)。中国古代的许多文人对世界的理解仅仅限于佛教或道教的几句话，不愿再细想，故步自封。而西方人的追问意识比较强，不受太多空疏的说教的限制，重视实验和理论的相辅相成，产生了如笛卡儿、伽利略、牛顿等科学家,因此,西方的科技在近代得到了迅猛的发展,创造了很多奇迹。我们生活在这个世界中,应该抱持一种好奇的态度,因为只有好奇才会有发现。我们应该向孩子们学习,保持童心,有童心的人会提出好问题,就连孔夫子都曾被两个小孩的辩日问题难住。我也想起几十年前我抱着孩子在操场上散步,望见天边的月亮,孩子说:“爸爸,把月亮拿下来给我玩玩吧。”

童心未泯是心地善良的自然表征:

望月怀旧友,应无眼前忧。

头发经年白,童心自可留。

5 船子和尚、惠更斯和开合的鱼嘴

唐代德诚的《船子和尚偈》曰："千尺丝纶直下垂，一波才动万波随。夜静水寒鱼不食，满船空载月明归。"同样是看到一波才动万波随，船子和尚想到的是禅学，虽然杂念一个涌万个，麻烦一个接一个，但人生最终如同满船空载月明归。

那么文学家又是如何看待波的呢？民国时的叶绍钧（叶圣陶）写了一首诗《小鱼》：

小鱼的嘴浮出河面，
不住地开合，
一个个波圈越来越大。
钓竿举了，
小鱼去了，
但正在扩散的圈儿，
也许波及无穷得远。

叶先生没有分析波传播到很远的原因。可是荷兰物理学家惠更斯却想到了波传播的子波理论，他在1678年提出惠更斯原理，用波动说解释衍射。在1948年，物理学家费恩曼在一篇文章中指出惠更斯原理严格适用于量子力学。

也就是说，看到同一物理现象，我们的祖先想到的是内秀，而他人想到的是揭秘。为什么有此差别呢？我想原因是思维方法的不同。

又如，清代郑光复的光学物理专著《镜镜冷痴》（第一个"镜"字是个动词，是"照"的意思，"冷痴"则有"本无才学，又喜欢向人夸耀"的意思，所以"镜镜冷痴"可解释为"就镜照物问题之愚见"）中，对物体的颜色，光的直进、反射和折射，反射镜和透镜的成像，光学仪器的制造等，都做了比较详细的阐述。郑复光还详细介绍了幻灯机的原理、装置和调制方法，介绍了利用望远镜进行天文观测的各种方法。郑复光的光学研究大大丰富了我国古代科学技术的宝库，尤其在思想文化日趋僵化的古代社会后期出现这样的科学著作（该书初成于道光十五年（1835年），道光二十六年正式刊出），十分可贵。但是，相对于西方光学，该书还是较肤浅。例如，书中的《光与色》一文没有提到光分七色；《远差》一文没有提到看远物时的分辨率。

然而，古代中国大多数的学术与其说是经世致用之学，不如说是务虚之学。儒家虽崇尚“格物致知”，但从宋明理学的路数来看，这个“知”本来就已经有了，所谓“格物”不过是对“知”的参照和印证。而道家学说则崇尚无为之说，认为“无为而无不为”“形而上者谓之道，形而下者谓之器”，这就贬抑了人们探索物理的兴趣，转而去追索无形无相的“道”。西方的理路则不同，崇实贵有，从西方发展起来的自然科学注重理论与实际相结合的，而且在西方科学的观念里，没有一个本有的“知”或“天理”在支配一切，人们只是一直在发现一再发现。

中国近代哲学家李石岑在《思想方法上之一告白》中说：“余少时初习几何学，莫审所指；其后习论理学，始稍稍能言其故，然仍未克举其内容，乃复重习几何学；如是者数岁，遂得略窥其意蕴，盖思想方法之达于绝诣者也。吾人理知之运用，恒以几何学为鹄的，是无间于理知根本作用之归纳与演绎，固举莫能外；则几何学所造于吾人之思想方法，从可识矣。”

而对于几何学，明代末年才由徐光启和利玛窦一起翻译了相关著作，即《几何原本》。

由此我想到一首诗：

赏罢幽草涧中闲，遥望山有云雾缠。

野花矜持蝶作揖，峭石孤僻人敬远。
村落难进惧狗吠，牧童弄笛调走偏。
岂无尺地能安我，鱼嘴无齿容休眠。

华山北峰的鱼嘴（张修兴摄）

6

读《荷塘月色》的一点别扭

朱自清的《荷塘月色》是值得称道的优秀散文篇。我本人在夜晚孤独处于办公室时曾不止一次地回味他所写的“一个人在这苍茫的月下,什么都可以想,什么都可以不想……”,欣赏他那与月色相映成趣的淡泊心境。但是今晚我再读时却觉得此文有一处似乎有一点别扭,值得推敲。

朱自清在第一段写道:“这几天心里颇不宁静。今晚在院子里坐着乘凉,忽然想起日日走过的荷塘,在这满月的光里,总该另有一番样子吧。月亮渐渐地升高了,墙外马路上孩子们的欢笑,已经听不见了;妻在屋里拍着闰儿,迷迷糊糊地哼着眠歌。我悄悄地披了大衫,带上门出去。”

“我悄悄地披了大衫,带上门出去”是为了与文章结尾的“这样想着,猛一抬头,不觉已是自己的门前;轻轻地推门进去,什么声息也没有,妻已睡熟好久了”相呼应,这是其行文的严谨处。但我觉得“带上门出去”似乎有些程序上的混乱,因为朱自清原来是在院子内的(他的妻子在屋里),带上院门他就出不去了,所以他实际要表达的意思是“出了院带上门后往池塘走去”。

在实际生活中,当主人请不受欢迎的客人离开时,会客气地说,请你出去后带上门。可见,《荷塘月色》里写的“带上门出去”省略了跨出门槛的细节,这与“出去带上门”的意思不同。

朱自清是散文大家,很讲究语言的准确和自然,大家写的东西岂是小辈能怀疑的,也许他写的“带上门出去”是口语话的体现。再则说,我只是个学物理的,习惯于推理思考,也许不应该将这种模式用于文学中吧,所以以上许是陋见。

7
读《延师教子》有感

清代学者俞樾曾经写过题为《延师教子》的一篇文章：

有延师教其子者，师至，主人曰："家贫，多失礼于先生，奈何？"

先生曰："何言之谦？仆固无不可者。"主人曰："蔬食，可乎？"

师曰："可。"

主人曰："家无臧获，凡洒扫庭除，启闭门户，劳先生为之，可乎？"

曰："可。"

主人曰："或家人妇子欲买零星什物，屈先生一行，可乎？"

曰："可。"

主人曰："如此，幸甚！"

师曰："仆亦有一言，愿主人勿讶焉。"

主人问："何言？"

师曰："自愧幼时不学耳！"

主人曰："何言之谦？"

师曰："不敢欺，仆实不识一字。"

这里的"延师"即聘请教师之意，"臧获"是古代对奴婢的贱称。《延师教子》以风趣幽默的方式描述了主人的抠门刻薄，要老师兼任奴仆、杂工而报酬极低。老师先是对主人得寸进尺的苛刻要求节节退让，最后以谦卑为嘲讽，拒绝了主人的聘请。

我觉得这位老师的机智之处在于"仆实不识一字"，胜任奴仆、杂工活还是可以的，并不对他才说的"仆固无不可者"食言。

我读此文的另一感触是，自已也有类似于这位老师被苛求做事的经历。在青年时期，我时而被派遣下乡插秧、割麦；时而去矿井下挖煤,去农场做砖坯瓦片;时而去码头当搬运工卸货,去公交公司保养车轱辘刹车;时而去山谷搬运炸裂的石头修铁路……既不能看科研书,也不能读英文。从1966年夏至1973年夏的七年时间,我当了七年杂役工,由于不动脑于数学、物理,不知微积分,脑子僵化,在这方面真是“不识一字”了。

有诗为证:

忧思忙碌却为何,庙里吃斋也是过。
意气书生迫寒窗,落难公子失帕罗。
放眼洪荒孚物理,琢磨时空陷觉错。
回顾闹心七十载,中有十年在蹉跎。

愿年轻读者对历史上的一些事情勿讶焉。

古代因怀才不遇而趋严厉的塾师像

8 读郓敬的《谢南岗小传》

清代嘉庆年间“阳湖派”领袖郓敬任瑞金县令时曾为一个终生贫穷潦倒、备受讥议的县学生员谢南岗作传。谢南岗个性强，为人耿介，常与人顶撞，不合群。他善于写诗，人们经常能听到他在断墙残垣的破屋里苦苦吟诗。可是县里的督学在主持考试时，把他的诗贬为四等，众皆哗然、起哄。后来，他的眼睛就瞎了，在黑暗里苟活了三十年后死去。郓敬在一个隆冬日早起收拾屋子，偶见一本被虫蛀过的书，是谢南岗的诗集，其序是某个郎官作的，郓敬阅后认为秽腐，再读其诗，没有觉得什么(未知如何)，便搁下。可是再取来细读，才体会出“高邃古涩，包孕深远”。马上打听谢南岗的住处，很近，但他前不久才去世。郓敬因此扼腕痛惜，深深自责，自己在瑞金县当了两年县令，谢南岗的住处又如此之近，竟在他死后才了解他。难道是谢南岗作为一个贤人不求闻达的缘故吗？抑或是做官的没有尽到发现人才的责任呢？

无独有偶。比谢南岗晚些时的英国人济慈也是一个命运不济的人。这位“集前人大成，为后代先锋”的大诗人生前默默无闻，死后的相当长时间内他的诗也备受误解和冷淡。我国文学家茅盾曾为之感慨:“天才多不能于生前享大名，这原是万古同慨的事……群众心里真是盲目的吗?”

自古以来，时运不济的天才太多了，大抵天才的思维都是超前的，具有一定的预见性和前瞻性，因此他们往往得不到时人的认可和赏识。

但是，济慈不愧为一个“诗人中的诗人”，他从不曾愤懑他的不遇，反而自信而坚定地说:“我死后定会成为英国诗人。”

受他的感染，我也很自信地对人说:“我发明的有序算符内的积分理论和纠缠态表象定会出现在高等量子力学的教研书中。”

可惜，今天我们已经看不到谢南岗的诗集，不能想象为何郓敬对它尊敬有加，要知道郓敬自己也是个大文豪呢。

谢南冈虚构像

9
《聊斋志异》中的一则科幻

《聊斋志异》中有《司文郎》这篇文章，此文的大意是：

山西人王平子，到京城考举人，租房住下。有一个余杭县来的考生也住在那里。余杭生狂妄自大，目中无人。后来一位姓宋的青年来这里玩，与余杭生起了口角。几经比试，宋生的文采略胜一筹。王平子尊宋生为师，拿出文章请宋生指点。余杭生的傲气也有所收敛了。有一天，余杭生把他的文章递给宋生，请他指点。宋生见文章已被人圈点过，便不经意地看了看。但在余杭生逼问下，又能一字不漏地背出，令余杭生坐立不安。

考试后，宋生赞许王平子的文章，并拿给一个瞎和尚看。只见这和尚烧了文章，闻了一闻，便赞许这文章有造诣。说是用脾脏来品的，并且这文章可以考中。余杭生不相信，烧了某大家的著作，没想和尚真的品了出来，并说是用心来品的。当余杭生烧自己的文章时，和尚咳嗽不止，说："莫再烧了，我勉强让胸膈把它承受了，再烧我便要作呕了！"余杭生很惭愧地走了。

可是发榜的结果是余杭生考上了，王平子名落孙山。和尚说这只是命运不同，让余杭生把所有考官的文章拿来，看看谁是他的阅卷老师。当闻到第六篇时，和尚忽然对着墙拼命呕吐。而此文的作者恰是余杭生的进学老师。

蒲松龄通过这篇文章，发声表示对科举制度的不满与抨击，也为自己几十年都没考上举人叹息，怪命运不济。

我看此文却觉得蒲公在写科幻，瞎子和尚能以嗅觉代替视觉，这不是科幻又是什么呢？大物理学家威格纳曾指出，人之聪明可以发明望远镜和显微镜，以提高视觉的远程度和精细度，但人类至今造不出一个嗅觉灵敏度超过狗的仪器。而《司文郎》这篇文章中塑造的瞎子和尚其嗅觉不但能代替视觉,而且能识别文章的好坏,这比狗的嗅觉又高出一等。所以,我说此文也是一篇科幻作品呢。

人类希望触觉可代替视觉,于是发明了盲人的书本。用嗅觉来代替视觉也许可以酝酿为一个课题去申报自然科学基金呢,因为人的五官是相通的。

值得指出,《聊斋志异》中充满了蒲公的想象,但是能算得上科幻作品的寥寥无几,狐狸精和鬼怪的故事都不能作为科幻作品。

10 古人心目中物理之顺逆

古人文章中提及物理字眼的不多。我偶尔读到一段古文谈及物理:“高柳宜蝉,低花宜蝶,曲径宜竹,浅滩宜芦。此天与人之善顺物理,而不忍颠倒之者也。胜景属僧,奇景属商,别院属美人,穷途属名士。此天与人之善逆物理,而必欲颠倒之者也。”这段话是要表达:生物(蝉、蝶、竹、芦)与环境(高柳、低花、曲径、浅滩)之间是顺的物理(适者生存)。而人与环境之间是逆的物理(上进之人常处逆境):红颜薄命,尤二姐被贾琏包二奶,起初住在大观园外的别院还能偷生,后来被凤辣子骗去同住就惨死了;西施被人装在皮袋里淹死(西施并未被范蠡带走,此事实为明代杨慎考证);杜十娘怒沉百宝箱,这位刚烈的佳人也是葬身鱼腹;儒冠误身,李白、杜甫皆名士,但仕途不佳;才子唐伯虎受考场舞弊案牵连被斥为吏;金圣叹为大儒,终死于刀下。

我们再来看看西方的科学家的命运吧。著名的针孔衍射发现者托马斯·杨被迫放弃科学研究;奥地利的声学家多普勒迫于生计劳累过度而早死;电学先驱欧姆绝大半生也是穷困潦倒,颠沛流离。从广义说,人类也是造物主造的物,天择人竞的物理居然是颠倒的。这是无奈的哀叹。

就像经典力学划分为运动学和动力学一样,上述古文只是谈到了顺逆现象——运动学,但没有分析其原因,那么,相应的“动力学”呢?

我请朋友何锐分析一下原因,他说:“人是向往自由的动物。自由是什么? 自由就是无限。人区别于物,就在于人有一定的自由。但人生于天地间,其自由会受到很多条件的扼制,这些条件有一些就如同自然法则对物质界的控制。物质界是没有自由的,它们纯粹由自然法则支配;但人有自由,虽然是有限的,但毕竟有;生物界,如草木虫鱼之类,介于人和物质界之间,自由程度比人小。物竞天择是生物界的一个法则,而人却不在这个法则约制的范畴内,他们自己选择的权力更大。一个脱离低级趣味的人,往往会去追求最大限度的自由,但同时也有可能受到其他因素的阻滞,从而获得不了相应的自由,甚至会导致悲惨的命运。”

听了何锐的这番话,我再读《孟子·尽心上》中的“万物皆备于我矣。反身而诚,乐莫大焉”,作为一个物理学家,我理解为:对于世界上万事万物之理,上天赋予我理解的能力,如果反躬自省理解自然规律,诚实无欺,便会感到莫大的快乐。诚如爱因斯坦说的那样,世界上最不可思议的事情便是这个世界是可以思议的。

11 从《儒林外史》人物周进的一副对联谈学物理

吴敬梓《儒林外史》第七回中,讲到老年童生周进中了进士做了广东提学后,他的学生荀玫和冒充学生者梅玖在他曾教学的观音庵的屋子里发现一副他的亲笔对联,红纸都久已白了,上面十个字是:“正身以俟时,守己而律物。”梅玖要和尚拿些水喷了,揭下来裱一裱,做收藏。此联意思是:端正自身来等待机遇,自己安守本分再去约束别的东西。

不过在我看来,此联很适合物理学家。古人有云:“欲见圣人气象,须于自己胸中洁净时观之。”我们读物理大家的文章,如爱因斯坦的广义相对论,狄拉克的量子力学原理,要想从中悟出些他们原本没有想到的东西是很难的,因为他们的文章常常已经是字字珠玑,完美无瑕的了。要想有心得必须如上联所说“正身以俟时”,我有幸能在狄拉克的《量子力学原理》中找到一些发展的方向,实在是上天庇佑那些比较单纯的“胸中洁净”(即正身)的人的缘故。

胸中洁净时看科学大家的文章,不但能看出端倪,而且有机会发现新课题。坚守自己的观点和想法,才能发现新的物理规律,此所谓“守己而律物”。如我读费恩曼的文章,就提出了系综意义下的量子平均值定理;读外尔、威格纳的文章,就导出了威格纳算符的外尔排序公式——delta算符函数,发展了量子tomography理论,等等。

理论物理修炼到一定程度,就有望做到“闭门即是深山,读书随处净土”,时时会有新想法,只是爱因斯坦、狄拉克那些大家想的是大问题,而我们想的是小问题,好比他们打的是狮子,我们只能逮兔子。但是,起初似乎是小问题的有时也能成规模,成气候,这需要研究者的犀利眼光和不懈努力。

12
小议《蜃说》

老子的《道德经》第十四章中有:“是谓无状之状,无象之象,是谓恍惚。”

注解这段议论的一个最好的例子我认为是《蜃说》,这是宋末爱国诗人林景熙的名篇。原文如下:

尝读《汉·天文志》,载“海旁蜃气象楼台”,初未之信。

庚寅季春,予避寇海滨。一日饭午,家僮走报怪事,曰:“海中忽涌数山,皆昔未尝有。父老观以为甚异。”予骇而出。会颖川主人走使邀予。既至,相携登聚远楼东望。第见沧溟浩渺中,矗如奇峰,联如叠巘,列如崪岫,隐见不常。移时,城郭台榭,骤变欻起,如众大之区,数十万家,鱼鳞相比,中有浮图老子之宫,三门嵯峨,钟鼓楼翼其左右,檐牙历历,极公输巧不能过。又移时,或立如人,或散若兽,或列若旌旗之饰,瓮盎之器,诡异万千。日近晡,冉冉漫灭。向之有者安在?而海自若也。《笔谈》纪登州“海市”事,往往类此,予因是始信。

噫嘻!秦之阿房,楚之章华,魏之铜雀,陈之临春、结绮,突兀凌云者何限,远去代迁,荡为焦土,化为浮埃,是亦一蜃也。何暇蜃之异哉!

这篇文章充分验证了老子思想中关于物与道的关系:盖道之为物,非觉感所能验,所以为恍惚窈冥也;乃心官所能知,所以为有象有物有精有信也。

林景熙不知海市蜃楼和蜃景是大气光学现象,但将海市蜃楼景色描绘得传神入化,又联想到人世沧桑,饱含着哀时叹国的幽咽情怀。古时传说这种幻景是因海里的蜃吐气而成的,故将其文章命名为《蜃说》。倘若林景熙学过光的衍射理论,一语道破了天机，就不会有激情去写《蜃说》了，我们也就看不到有如此优美的文字来描写虚无缥缈、变幻莫测的幻影了。

或曰：学习物理知识，人得到了思想洗礼。那么从林景熙的恍惚窈冥来看，人对自然到底是了解多些、深刻些好呢，还是难得糊涂些好呢！噫！

我的看法，难得糊涂和有疑必究是对立的两面。明代李贽说："学者但恨不能疑耳，疑即无有不破者。"在一个课题面前，我们要分清主次，对主疑，对次糊涂，相当于取近似到几级，高阶小便删之。

13 写物理论文可借鉴明清八股文

明、清两代，科举实行八股取士制，八股文章必须要“代圣贤立言”。千万读书人，成年累月消磨在读八股、写八股中，不仅浪费青春，而且束缚思想。人们学习八股，只是把它当作敲门砖，在中国文化发展史上，八股取士起了相当的消极作用。

但是八股文真的如此不堪吗？我以为，就组织物理论文的体裁而言，八股文结构的独特形式有可借鉴之处。八股文的破题、承题、起讲、入题、起股、中股、后股、束股等部分的结构，类似于如今写论文的分析和推理。尤其是破题，有分破、揔破、顺破、倒破、正破、反破、明破、暗破八法，要点不外是破题面、破题意两诀。下面我以自由落体运动所需的时间为题，与两则古文的破题做一个类比。

(1) 孔子说“学而时习之”

如用分破法，则可写下：纯心于学者无时而不习也。其中，“纯心于学者”破“学”，“无时而不习”破“时习”。这也是明破、顺破法。

如用暗破法，则可写下：学务时敏其功已专也。其中，“学务时敏”暗破“习”。

(2) 古文“见贤思齐焉”

如用反破法，则可写下：贤非未见也，弗思不齐矣。

如用正破法，则可写下：思与贤齐，乃不虚所见也。

此外，八股文的破题还有技巧，有“高一层反擒法”。例如，对于《学而时习之》，“学贵不息，当与时偕行”就是高一层破题。又例如，对于“不贰过”，高一层的破题可以这样写：过有不复于后者，非好学者不能也。

也有“浅一层擒法”，例如对于“学而不厌”，破题可以这样写：深于学者无可厌之心也，夫学何以厌，唯不好之故也。

把“高一层反擒法”和“浅一层擒法”结合起来，就形成了“两面夹衬擒法”。

下面我们讨论自由落体运动。

物理先驱伽利略说：物体下落的快慢和它们的重量无关。

如用分破法，则可写下：重物与轻物下落的快慢相同。

如用暗破法，则可写下：若重物下落比轻物快，那么当把轻重俩物捆在一起，其总重增加，下落应更快。然而如何解释那个下落慢的轻物对下落快的重物的“拖后腿”因素呢？

其实伽利略的这个分析也是在自觉或不自觉地应用“两面夹衬擒法”。

此外，八股文还要用排比、对偶修辞手法，相应的有“提比探索法”。例如，对于“君子食无求饱，居无求安”，破题可以这样写：君子别有所求，而食与居弗计。

而具体到自由落体运动的物体轻重，伽利略的继承者就会说，决定自由落体运动快慢应别有原因。

所以千万不要将层次清楚的八股文一棍子打死。

14
读《齐人有一妻一妾》

《齐人有一妻一妾》是《孟子》中一个生动的寓言故事，辛辣地讽刺了那种以卑鄙的手段追求蝇头小利，还恬不知耻自我吹嘘之人。

齐国有个人和一妻一妾共同生活。丈夫每次外出，都说是吃饱喝足才回家的。妻子问跟他一起吃饭的都是些什么人，他就说都是有钱有地位的人。妻子对妾说："丈夫(每次)出去，都是酒醉饭饱才回家，问是谁跟他在一起吃喝，他说都是有钱有地位的人。可是，从来也不曾见有显贵体面的人到家里来。我要暗中看看他到底去什么地方。"

第二天清早起来，妻子便拐弯抹角地跟踪丈夫。走遍整个都城，没有谁停下来与他打招呼交谈。最后，他走到东门城外的坟墓中间，向那些扫墓的人乞讨残羹剩饭。不够，又四下里看看，到别的扫墓人那里。这就是他天天酒醉饭饱的方法。

妻子回去，把看到的一切告诉了妾，说："丈夫，是我们指望依靠过一辈子的人。现在却是这个样子。"于是，两人一起在院子里大骂，哭成一团。丈夫却一点也不知道，还得意洋洋地从外面回来，在妻妾面前大耍威风。

实际上，齐人对其妻妾大耍威风的骄态本身也就是乞态，因为富贵自有富贵之眉宇，乞丐自有乞丐之形状，敛手低眉者装富贵是不肖的。所以这位妻子能觉察到，她自爱自珍，不幸的是嫁给了这样的男人，苦命啊。

在学术界，偶有学物理的本科生缺乏眼光错选了一个徒有虚名、自我吹嘘的研究生导师，乘兴而来求教，待到他发现不能从导师那里学到真本领，也没有课题做时，便会从此失去了对物理的兴趣，只能像这个齐人的妻妾那样伤心罢了，败兴而归尚在其次，浪费了的青春能补回来吗？

黄山谷曾有诗句：“人乞祭余骄妾妇，士甘焚死不公侯。”小人和志士的区别真有如此之大耶。

15
小议赵括之母

战国时代的一次重要战争是长平之战,纸上谈兵的赵括葬送了赵国。赵括留下千古骂名。而赵括之母的故事却为大众津津乐道,她在赵括即将上任前面谏赵孝成王,说切不可令赵括为将。理由是:括的父亲赵奢为将时,礼贤下士、爱惜将士,以自己的薪俸周济朋友,将吏常在百人以上……而现在括被委以重任,却每天都在张罗买好房,置田产,对将士则倨傲冷薄,这怎么能担当将军的重任呢?大王以为他像他父亲,其实父子俩大不一样,她请大王还是另选良将。但赵孝成王执意不听,于是赵母要求若赵括兵败,治罪时不要株连其家属。

读了这段文字,一般都认为赵母有眼光,识大体。但我觉得,赵括如此骄横跋扈的原因是赵母没有从小教育好他,所以赵母不是一个良母。赵母之所以去面谏赵孝成王,恐怕只是为了自己在赵括兵败后能脱干系罢了。赵母如果真的反对赵括为将,为何不亲训儿子力阻儿子上阵呢?要知道,这是关系到赵国几十万将士性命的大事啊,比起这,赵母一家人的获罪与否又算得了什么。再说,赵母面谏赵孝成王说出的理由并未说到赵括的要害是纸上谈兵,军事上必败无疑,所以没有能说动赵王。

由此我想到《水浒传》中有两个贤德家长。一是史进的父亲史太公,我们不知其名。史太公看到前来投宿的王进母亲的疼病发,就留他们在庄上住了五七日。史进的心地善良与他父亲史太公的贤德一脉相承。

当王进说史进学得都是"花棒"时,史太公就请王进使一棒教训他儿子,王进说只怕冲撞令郎不好看,太公说,不妨,打折了手脚也是他"自作自受"。知子莫如父,史太公必须要对史进当头棒喝，才能锉掉他自以为是的毛病，真是个贤父。亏得他仁慈地接待了王进母子，才感动王进“一力奉教”，把好本领传给史进。而如今，不少家长溺爱孩子，甚至舍不得孩子被学校老师正确地批评，动辄去跟老师争吵。

《水浒传》中的另一贤德家长是王进的母亲。她是个有见识、有决断的妇人。当她被王进告知高俅是如何挟嫌要打他时，王母道：“我儿，三十六着，走为上着。”母子立即逃出东京。

16

谈研习物理的“以大观小”法

近日读沈括的《梦溪笔谈》，这位宋代卓越的科学家在书里讥评宋代画家李成采用“仰画飞檐”的画法。他说：“大都山水之法，盖以大观小，如人观假山耳。若同真山之法，以下望上，只合见一重山，岂可重重悉见，兼不应见其溪谷间事。不如屋舍，亦不应见其中庭及后巷中事。若人在东立，则山西便合是远景；人在西立，则山东却合是远景，似此何以成画？李君盖不知以大观小之法，其间折高折远，自有妙理，岂在掀屋角也？”

以大观小的画法较当代西方画法，孰优孰劣，我不懂，不能评论。前辈文字学家吕叔湘将沈括的话注解为：“(以大观小)当讲作‘把大的看成小的’，若作‘拿大的看小的’讲，便讲不通。此处所谓‘以大观小’，实寓‘以高观下’之意，所谓‘鸟瞰’也。”诚然，以大观小，是为了兼顾到山前山后、屋内屋外的景致，决不是把真山真水画得如同假山盆景那般小巧玲珑，失却真山真水的气魄。

这与《红楼梦》第四十二回薛宝钗同惜春谈到大观园图的章法相同：“这园子却是像画儿一般，山石树木，楼阁房屋，远近疏密，也不多，也不少。恰恰的是这样。你若照样儿往纸上一画，是必不能讨好的。这要看纸的地步远近，该多该少，分主分宾，该添的要添，该藏该减的要藏要减，该露的要露。这一起了稿子，再端详斟酌，方成一幅图样。”

近代画家陆俨少认为：画要有大画面，一大丛树林，或一块山石，间以细碎的东西，如房屋、桥梁、溪流之类，在虚实繁简之外，又需有大小相间，有了大块面，就浑厚，也有气势，突出主题在大块面上。中国山水画革新家李可染也认真研究过“以大观小”和

“小中见大”的画法。

要以大观小，必须胸中有深厚的修养。量子论是一幅“大画面”，有宏伟气势，是海森伯、薛定谔和狄拉克的大手笔。他们三人各自以独特的视点观察这个“山重水复的量子世界”，就像画中国画没有固定的视点，画家可以挪动自己的脚步，绕到各个侧面去发现那柳暗花明的又一村一样，终造就了量子力学的以博大观精深。此即物理上的“以大观小”也。

例如，爱因斯坦用普朗克的量子观点（大）解释光电效应（小）。记得薛定谔曾说：“你（指爱因斯坦）在寻找大猎物，你是在猎狮子。而我只是在抓野兔。如果不是你从关于气体简并的第二篇论文中，硬是把德布罗意想法的重要性摆到了我的鼻子底下，整个波动力学根本就建立不起来，并且恐怕永远也建立不起来，我说的是光靠我自己。”薛定谔的话说明他是以波粒二象性（大）来导出后来以他名字命名的薛定谔方程的（小）。

大和小是相对的，如果人们用薛定谔方程来重新审视原子能级，那么从薛定谔方程出发来研究就是“大”，而定态原子就是“小”了。

我们做研究，应该有一个大的目标，这里的“大”不是指形状大，而是指基本、根本的博大。课题不但要有原创性，而且要有可持续性。如诺贝尔奖得主威格纳所说：“在我的整个生涯中，我发现最好是寻找这样的物理问题，其解答看起来原本是简单的，而在具体做的时候会揭示出这样的问题常常是很难完全处理得了的。”威格纳最先用群论研究量子力学，用自然界的对称性看物理问题，这就是“以大观小”。

“会当凌绝顶，一览众山小。”以大观小，才能通过平远、高远、深远的“散点透视法”去研究物理。

体现平远、高远、深远的画面

17
《杞人忧天》新解

古代寓言中有一个名篇，名为《杞人忧天》。

《列子》中是这样写的：

杞国有人忧天地崩坠，身亡所寄，废寝食者。

又有忧彼之所忧者，因往晓之，曰："天，积气耳，亡处亡气。若屈伸呼吸，终日在天中行止，奈何忧崩坠乎？"

其人曰："天果积气，日月星宿，不当坠邪？"

晓之者曰："日月星宿，亦积气中之有光耀者，只使坠，亦不能有所中伤。"

其人曰："奈地坏何？"

晓之者曰："地，积块耳，充塞四虚，亡处亡块。若躇步跐蹈，终日在地上行止，奈何忧其坏？"

其人舍然大喜，晓之者亦舍然大喜。

上文的大意是：杞国有个人担心天地会崩塌，自身失去依存的地方，（于是）不吃不睡。

又有一个担心他因为那种担心而出问题的人，因此就去劝他，说："天啊，是聚集在一起的气体，气往哪里崩溃呢。你身体曲伸和呼吸，一直在天中进行，干嘛要担心它崩溃呢？"

那个人说："天确实是聚集的气体，太阳、月亮、星星呢，它们就不会掉下来吗？"

劝导他的人说："太阳、月亮、星星也是气体，它们是发光的气体，就算它们掉下来，也不可能伤到谁。"

那人说："地塌了怎么办呢？"

劝导他的人说："所谓地嘛，就是很多土块聚集，它填充了四方所有的角落，它还往哪里塌土块啊。你走路、跳跃，终日是在这地上进行的,干嘛还要担心地会塌呢?”

于是那人释然,变得开心了,劝导他的人也释然地开心了。

社会上流行的对此文的评价是:讽刺了那种整天怀着毫无必要的担心和无穷无尽的忧愁,既自扰又扰人的庸人,认为人不必在不可知的事物上浪费心智。

杞人真是一个庸人吗?

我以为不是,他是我国历史上第一个关心日月星宿会不会坠地的人,比起英国的牛顿观察苹果落地而想起有引力作用于天体早了几千年。杞人如此朴素、原始的物理考虑居然还被当下的人耻笑(我今天在书店里还看到有新出版的书持此态度,而且作为语文教材让小孩子读),我不免为之抱不平。相对于杞人被作为庸人被人耻笑,那位“忧彼之所忧者”(劝解杞人释怀者)却被作为正面人物得到肯定,正是本末倒置了啊。“忧彼之所忧者”说的“日月星宿……只使坠,亦不能有所中伤”是胡说,大流星若撞击地球,难道不是灾难吗?

以前,我遇到我的已经毕业的研究生的小孩(其中之一见图),只要是已经读过小学三年级的,就免不了要问他们,你知道苹果会掉下来,但月亮悬在天边,为什么不掉下来呢?

我也曾将此观点(即杞人有探索自然奥秘的心思)在个别演讲中提到,并与伟大的诗人屈原对为何“东流不溢”的思考作比较。如今我将此观点写成短文,供人饭后闲谈吧。

此后一个傍晚,我和夏勇在合肥万科森林公园(西边是董铺水库)的一个高地上看日落。不禁拈诗一首:

夕阳垂缓水滞留,绮霞敛散几度秋。

金轮坠下无人接,急煞杞人又犯愁。

好奇月亮为什么不掉下来的小孩正在作画

18 评清代桐城派刘开的创新论

清代桐城派刘开的《与阮芸台宫保论文书》写道:“非尽百家之美,不能成一人之奇;非取法至高之境,不能开独造之域。”

意思是说:不学习各流派的长处,就不能形成自己的特色;不取法别人已经达到的最高成就,就不能开创自己的独特领域。

我觉得刘开此论待商榷。诚然,创新难免要学习借鉴,但不是绝对的。即便是不全了解各流派的特点,也存在形成自己特色的可能;与刘开说相反,取法别人已经达到的最高成就,反而易受别人思想的拘束而不能开创自己的独特领域了。再说了,人的精力、时间有限,受各种条件制约,哪能事事都了解,样样皆取法呢?

我年轻时,以为要在理论物理上能写论文,就必须通读各门现代数学,于是就去旁听实变函数、微分几何等数学系的课程,记了一大堆笔记,可是在以后的科研中一点也用不上。真是耗时耗力。现在我知道了,取法他人,耳聪目明,但于智慧无补。而创新是靠智慧的灵光一现。

尽管我此论与刘开有异,但我很尊敬他,2018年我和笪诚夫妇去桐城时,还专程造访了刘开的故居(可惜没有任何关于他的介绍),他如同颜回那样是个贫穷的读书人,但才高志远。

19
再读苏轼的《石钟山记》

苏轼的《石钟山记》是一个名篇,我上高中时就在语文教材中拜读了。苏轼通过实地考察叹惜郦道元的简略,嘲笑李渤的浅陋。

近来,我又读了一遍《石钟山记》,突然觉得苏轼对郦道元的评价不公允。郦道元的观点:认为石钟山下面靠近深潭,微风振动波浪,水和石头互相拍打,这是发出像大钟一般的声音的原因。这是正确的理论预言,对理论预言是我们理论物理学家研究问题常做的事情。诚如爱因斯坦所说,物理本质是实验性的,但人不能事事都去做实验(按苏轼的话:士大夫终究不愿在夜里将小船停泊在悬崖绝壁的下面)。

苏轼亲自坐船在风浪里所看到的、所听到的和郦道元预言的一样,尽管郦道元描述得不如苏轼的详细,但我们应该对郦道元肃然起敬,他是一个"理论物理学家",而苏轼只是"实验者",验证了他的理论预言。这正如英国的爱丁顿跑了好远的路去验证爱因斯坦的光线在引力场中是否弯曲一样,爱因斯坦还是比爱丁顿伟大些。

苏轼在《自评文》中写道:

"吾文如万斛泉源,不择地皆可出。在平地滔滔汩汩,虽一日千里无难。及其与山石曲折,随物赋形而不可知也。所可知者,常行于所当行,常止于不可不止,如是而已矣。其他虽吾亦不能知也。"

其大意是:我的文章就好比那万斛水源,流淌起来不择地形。在平地上,它水大流急,即使一日千里也不算难事。当它流经山石之地时,就会变得曲曲折折,随着山石的形状而蜿蜒,不断呈现出不同的形状来，对此我就不知所以然了。我所知道的，就是它常在应当行进的时候行进，在不得不停止的地方停止，如此而已。至于其他的，即使是我，也不知道了。

虽然这是他的自谦之词，但也反映了苏轼不擅长抽象地理性思考，而郦道元在这方面比他强。西方的物理学家(如伽利略等)纯靠理性思维也能对物理现象做出判断。

顺便说一下，我在八年前也去了趟石钟山，由于长江水浅了很多，石穴和缝隙已经露出水面，把清风水波吞进去又吐出来发出窾坎镗鞳的声音的景象已经消失了。谁说“青山依旧在，几度夕阳红”呢！

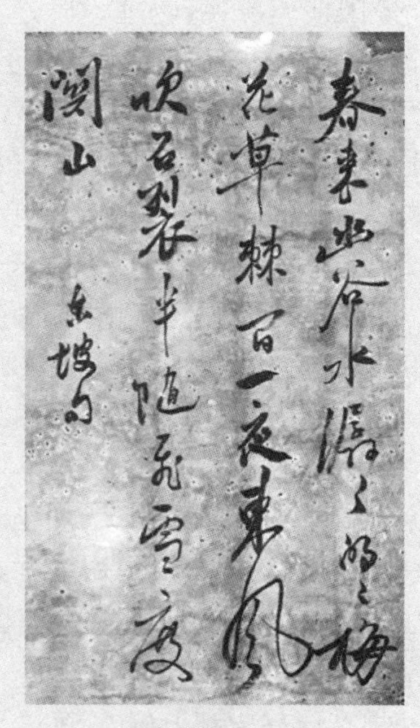

宋佚名书法

20 重读欧阳修的《醉翁亭记》兼谈王阳明的“致良知”

都以为“致良知”的思想源自明代王阳明。据说有一天，王阳明与友人同游南镇，友人指着岩中花树问道：“天下无心外之物，如此花树在深山中自开自落，于我心亦何相关？”王阳明答道：“你未看此花时，此花与汝同归于寂；你既来看此花，则此花颜色一时明白起来，便知此花不在你心外。”我读了这段话，似懂非懂。

前几天，我和几个朋友去了滁州琅琊山一游，见了醉翁亭，回家又重读了欧阳修的《醉翁亭记》，才知道，心乃生发山水、花卉之美之源泉的观点，欧阳修的文章中已经谈到了（比王阳明的观点早几百年）。以往我读《醉翁亭记》，只注意语句“醉翁之意不在酒，在乎山水之间也”，而不太注意文中的“人知从太守游而乐，而不知太守之乐其乐也。醉能同其乐，醒能述以文者，太守也”。现在我明白了，正是太守述的《醉翁亭记》这篇游记才使得琅琊山的景色一时明朗起来，从而使千年以来访滁州的游客往来而不绝。“太守之乐其乐”是他有别于其他游客的良知。

欧阳修还指出“然而禽鸟知山林之乐，而不知人之乐”，这也是与王阳明心学吻合的观点。

说欧阳修重视人观察自然所起的主观作用，还可以从他请曾巩写一篇《醒心亭》这件事看出。而“醒心”这两个字是从唐代韩愈的一篇文章中摘录来的。

其实，美丽的山水是由于有人看了以后才明白起来这个判据，关于其正确与否的讨论，可以追溯到唐代的伟大文学家柳宗元。他在《小石城山记》中写道：

“噫！吾疑造物者之有无久矣。及是，愈以为诚有。又怪其不为之中州，而列是夷狄，更千百年不得一售其伎，是固劳而无用。神者傥不宜如是，则其果无乎？或曰：'以慰夫贤而辱于此者。'或曰：'其气之灵，不为伟人，而独为是物，故楚之南少人而多石。'是二者，余未信之。"

上文大意为：唉！我怀疑有没有造物者已很久了。到了这儿，愈加以为确实有。但又怪这样好的风景不安放到中原地区，却生在蛮夷之地，它的胜迹即使经过千百年也没人知道，这真是付出了辛劳却没有用处。倘若不是这样，那么造物者果真没有的吧？有人说："这是用来安慰那些被贬逐在此地的贤人的。"也有人说："这地方钟灵之气不孕育伟人，而唯独凝聚成这奇山胜景，所以楚地的南部少出人才而多产奇峰怪石。"这两种说法，我都不信。

而学习和研究物理的人，除了体会自然景色之美，还要能"致良知"于物理。例如，威尔逊一天在苏格兰的一个山顶上闲来无事，注目云彩被阳光照射后发生的绮丽彩环，十分壮观，久久不愿离开。后来在苏格兰高原研究气象学时，他让一个容器中几乎就要冷凝的饱和水蒸气突然绝热膨胀，容器中的温度降低到露点以下，蒸气处于过饱和状态，再将带电粒子射入容器内，在粒子的行径上，有许多分子电离，成为过饱和蒸气凝结的核心，随后出现指示粒子路径的雾迹。这可以用来探寻粒子行进的轨迹。于是他发明了云雾室。

此段小故事不也说明了"天下无心外之物理"吗？2018年我在山东菏泽时，受陈实先生之请，到成武一中给中学生演讲，启蒙物理感觉，座上一学生问："物理规律是自然界原本有的呢，还是人去研究它才有？"

我回答说："你的问题与王阳明的看花论如出一辙，你只需看看如今专家如何评价王阳明就可以了。"

演讲结束回到下塌处，我写了一首诗《重读〈醉翁亭记〉》：

琊玡享名仰欧公，太守之乐与民同。

禽鸟羞见真游客，从人怎知假醉翁。

花抖精神因观赏，月行天际随万众。

如今时髦量子论，应在物我混沌中。

是啊，人与物渐寝互融，量子世界与人何尝不是如此呢！

21
从曹植说到爱因斯坦

曹植(192—232),三国时魏国诗人,文学家,曹操的儿子。19岁时创作《七启》,假托一个“镜机子”和一个“玄微子”论述饮食、容饰、羽猎、宫馆、声色、友朋、王道等七个方面的妙处。文中有一段写道:“玄微子隐居大荒之庭,飞遁离俗,澄神定灵;轻禄傲贵,与物无营;耽虚好静,羡此永生。独驰思于天云之际,无物象而能倾,于是镜机子闻而将往说焉……顺风而称曰:‘予闻君子不遁俗而遗名,智士不背世而灭勋。今吾子弃道艺之华,遗仁义之英,耗精神乎虚廓,废人事之纪经。譬若画形于无象,造响于无声。未之思乎,何所规之不通也?’玄微子俯而应之曰:‘嘻!有是言乎?夫太极之初,混沌未分,万物纷错,与道俱隆。盖有形必朽,有迹必穷。芒芒元气,谁知其终?名秽我身,位累我躬。窃慕古人之所志,仰老庄之遗风。假灵龟以托喻,宁掉尾于涂中。’”

我读了这段对话,觉得这个玄微子有爱因斯坦之风,他“独驰思于天云之际,无物象而能倾”。而劝他的镜机子也能总结玄微子的思索是“画形于无象,造响于无声”,用这两句话来描写爱因斯坦的广义相对论工作是再合适不过了。这是偶然的吗?而且,镜机子这个名字也带有物理味道,似乎是一个宇称算符,代表镜像反演。

物理学家都对爱因斯坦建立广义相对论深感佩服,用什么语句来描写这项科研成果呢?用“画形于无象,造响于无声”吧。如此说来,一千多年前的曹植真是个奇才。

我于是在梁宝龙的陪同下,拜谒了位于山东东阿县鱼山脚下的曹植墓,那里有沈雁冰(文化部前部长)等诸多名流写的仰慕碑文。我登上鱼山,眺望黄河,写下了诗一首:

不惑之年谁谢幕,鱼山脚下曹子建。

墓枕黄河看改道，碑立山麓仰大贤。
山石褶皱遭挤压，弟兄忌恨留诗篇。
游山似闻釜中泣，不是梵音洞外传。

我的朋友何锐将此诗意理解为：年值不惑就匆匆辞世，此何人也？这正是鱼山脚下长眠的曹子建啊。子建墓背枕黄河，逾越千年，岂不见黄河已数次改道了吗？在苍烟落照下，子建墓碑兀然耸立鱼山山麓之阳，供后人瞻仰，古贤懿范，斯可追哉？鱼山地貌奇特，其一景为褶皱石，为挤压地质现象，而曹植葬于此处，此是否预示了曹丕挤压曹植、兄弟相残之事呢？而鱼山有梵音洞，曹植在那里听到了梵音，而我在游山时却仿佛听到了豆在釜中泣。

鱼山南褶皱

梵音洞

22 曾国荃靠力学常识断案

曾国荃(1824—1890),曾国藩的九弟,毕业于湘乡私塾,湘军主要将领之一,曾攻克太平军驻守的安庆和南京,因善于挖壕围城,有“曾铁桶”之称。1875年后历任陕西、山西巡抚,署两广总督。其间,曾国荃审理过一些民事案件,其中对于臬台衙门审理的“争果落井”案卷宗,他用力学常识指出犯人供词的疑点,驳回复审,才使得真相水落石出。

案件是这样的:一天,7岁小孩张进生至夜未归,其父亲着急,四处找寻,终在一花园里的一口无围栏井里发现儿子尸体,身上所穿的新衣服不见了,即报官验尸刑侦。官差在一个收旧货的小贩中查到这件衣服,小贩说衣服是一个16岁的叫许诚的人拿来当钱的。官差即将许诚逮捕。

许诚被捕后,谎称的供词是:他与张进生先是在神皇庙看戏法,回来走得急,张进生觉得热,就脱了新衣。后又路经花园采枇杷,两人发生争执,张进生拉住多拿枇杷的许诚不放手,许诚一时愤起,向张进生胸前一推,惯出若干尺,恰好掉在无围栏井中淹死。许诚见张进生死,急拟图逃遁,忽瞥见张进生之新衣丢在地上,恐为人所见而根究原因,当即携带此衣服至旧货摊,质钱回家。也未声张。

臬台衙门听信了许诚的伪供,以为许诚是失手伤人,并非蓄意,减轻刑罚。

案件上报到巡抚曾国荃处,他批案道:“许诚年16岁,张进生年7岁,相差有9岁。以一成人之童,又非毫无气力者,即使被一幼孩拉住,欲思脱去,一摔可也,何至于用手推胸,方能得脱,……等八个疑点”,驳回了臬台衙门的结论,要求臬司重新亲提案证。

臬司不敢怠慢,经重审,案件真相大白。原来是许诚看到张进生穿着新衣,因眼红而起邪念,欲骗取衣服,就诱骗他到那僻静花园,强行剥衣。又怕张进生回去告诉他父亲,就把张进生摁入井中,再把衣服拿去换了钱用。他为了减轻罪责,又以为没人看见事情的经过,就狡辩说是自己因过失而致人死亡的。

后人点评,此案若非曾国荃指出其疑点,则许诚之奸谋不破,张进生之冤死也不白甚矣。我读了这卷宗后,觉得曾国荃能靠力学常识就找出前审的漏洞,这在古代实为不易。而臬司缺乏物理常识,一度误断了此案。

23
谈《水浒传》中王进看出史进的破绽

我读初中时就看《水浒传》，当时只是着迷于故事情节和做人如何讲义气。例如，书中有一个不起眼的叫李小二的人物，他在林冲落难时报恩林冲，并不计较他是罪囚。现在老了，再看《水浒传》，就比较仔细，好发问自己。例如，王进看出史进的破绽在哪里，这一点施耐庵没有明说。

《水浒传》中第二回讲道：

王进见空地上一个后生脱了上衣，刺着一身青龙，银盘也似一个面皮，有十八九岁，拿条棒在那里使。

王进看了半晌，不觉失口道："这棒也使得好了，只是有破绽，赢不得真好汉……"

史进不服，要与王进比拼，王进去枪架上拿了一条棒在手里，来到空地上使个旗鼓。

那后生(史进)看了一看，拿条棒滚将入来，径奔王进。王进托地拖了棒便走。那后生抡着棒又赶入来。王进回身，把棒往空地里劈将下来。那后生见棒劈来，用棒来隔。王进却不打下来，对棒一掣，却往后生怀里直搠将来，只一缴，那后生的棒丢在一边，扑地往后倒了。王进连忙撇了棒，向前扶住道："休怪，休怪。"那后生爬将起来，便去旁边掇条凳子纳王进坐，便拜道："我枉自经了许多师家，原来不直半分！师父，没奈何，只得请教！"

请注意，王进并不是一眼就看出史进的弱点，而是花了半晌工夫，说明他不但看了史进原地站立表演的武功，也观察了史进移步运动的动作，终于看出其破绽。两人较量时，史进追，王进退，王进回身把棒往空地里劈将下来，史进用棒来隔，而身子和腿由于惯性而刹不住了，被王进一虚一实的两棒打倒在地。

可见，王进看出史进的破绽是他不会在运动中撤步。史进以前的老师都没有告诉他如何在追击中制衡身体（按如今的话来说就是要注意惯性）。武术教练应该教学生如何应对惯性引起的失衡。

再分析水浒中林冲打败洪教头一段，也是如此：

洪教头……把棒来尽心使个旗鼓，吐个门户，唤做把火烧天势（金圣叹评：棒势也骄愤之极）。林冲也横着棒，使个门户，吐个势，唤做拨草寻蛇势（金圣叹评：棒势也敏慎之致）。洪教头喝一声："来，来，来！"便使棒盖将入来。林冲往后一退，洪教头赶入一步，提起棒，又复一棒下来。林冲看他脚步已乱了（惯性之故），便把棒从地下一跳，洪教头措手不及，就那一跳里，和身一转，那棒直扫着洪教头臁儿骨上，撇了棒，扑地倒了。

王进和林冲都是东京八十万禁军教头，看出了对手的破绽是不能控制惯性引起的"脚步已乱"，击败之。

可见，《水浒传》的作者施耐庵是个武术行家，知道惯性（尽管宋代还没有出现此名词）在练武术时是必须注意的，否则，就"赢不得真好汉"。

可见，武术中也处处有物理，练武时要注重惯性与制衡。

24

归有光的《瓯喻》读后感

在科技界,常有剽窃之事发生。我的论文就被人剽窃过。我以为明代归有光写的小故事《瓯喻》可以作为此类事情的写照。摘录如下:

人有置瓯道旁,倾侧坠地,瓯已败。其人方去之,适有持瓯者过,其人亟拘执之,曰:"尔何故败我瓯?"因夺其瓯,而以败瓯与之。市人多右先败瓯者,持瓯者竟不能直而去。噫!败瓯者向不见人,则去矣。持瓯者不幸值之,乃以其全瓯易其不全瓯。事之变如此,而彼市人亦失其本心也哉!

这段文字的大致意思是:有人把瓦碗对置在路边,瓦碗倾倒下来,落在地上摔破了。此人正要离开,恰巧有个人也拿着瓦碗走过这里,此人赶紧抓住那个过路人质问说:"你为什么打破我的瓦碗?"于是夺过他手里的瓦碗,把(自己才摔破的)那只给他。集市上的人都偏袒那个先摔破瓦碗的人,拿着瓦碗的过路人不能分辩而离去。唉!先摔破瓦碗者如果见不到(拿着瓦碗的)人来,早就离开了。拿着瓦碗的过路人不幸遭遇了他,竟被迫以其完好的瓦碗换了碎的瓦碗。事情的变化竟如此,而那些市人也丧失了人心啊!

古物新解

25
论文收尾与瓷胚收口

指导研究生论文甚是辛苦，从构思题目、计算、分析结果和讨论物理意义，无一不是耗神累心的，待到论文快收笔时，颇感疲倦，所谓“谁云贪墨无休日，到底磨人有倦时”。但“行百步，半九十”，此时也是要紧时刻，千万要把结语写踏实，总结好文章之创新点。这就像做瓷器胚胎的收口，要让瓷器口缘周正光洁，对转动着的陶泥按挤揉拉的工匠必须凝神静气，以白居易在《琵琶行》中所写的“轻拢慢捻抹复挑”的功夫，不失时机地对缓缓转动着的旋胚断然收口。

有的论文创新明显，有后续的工作可以展开，就应该在论文结尾给以展望，但也无需画蛇添足。唐朝祖咏在长安应试，试题是《终南山望余雪》。要求赋六韵十二句的五言排律。祖咏只写了“终南阴岭秀，积雪浮云端。林表明霁色，城中增暮寒”四句就交了卷。有人问他为什么，他说：“诗意已尽。”这首诗虽然在考场不合要求，但事后却成了写雪后山色的杰作，流传至今。王士禛在《渔洋诗话》卷中，把祖咏这首诗和陶潜的“倾耳无希声，在目皓已洁”、王维的“洒空深巷静，积素广庭宽”等并列，称为咏雪的“最佳”作，评价切切。

后来北宋政治家司马光创作了一首五言绝句《晓霁》：“梦觉繁声绝，林光透隙来。开门惊乌鸟，余滴堕苍苔。”这首诗是写早上雨后初霁之所见，描绘了一幅美丽和谐的晨景图，寓情于景，表现了作者恬静而超脱的心境。收尾的方式可能也受到了祖咏的影响。

我的诗友何锐说：“一篇文学作品，其好的收尾能给人一种言有尽而意无穷的感觉，如崔颢《黄鹤楼》的结句‘日暮乡关何处是？烟波江上使人愁’，张若虚《春江花月夜》的结句‘不知乘月几人归，落月摇情满江树'，似疑非疑，似问非问，都给人们留下了极其浩大的意象空间，让人们在怅然若失中追索华章，把玩诗趣。"

同样，一篇优秀的科研论文不但要求其摘要写得简明、有吸引力，内容要写得充实，其结尾也需画龙点睛。科研论文不宜冗长，该收尾时就戛然而止，余音绕梁，有耐人寻味之功效。

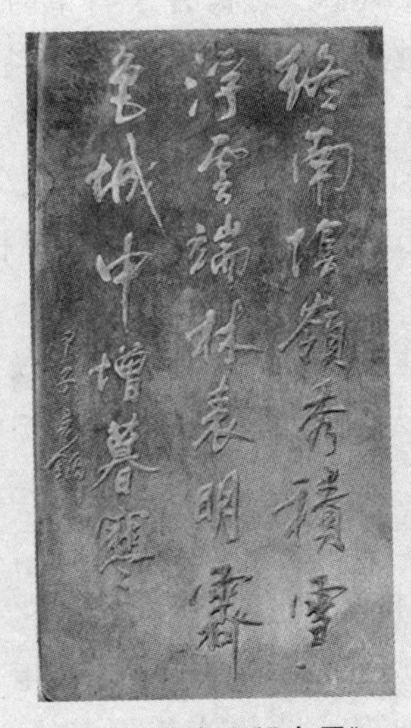

刻砚《终南山望余雪》

宋代瓷胚的收口艺术

26 富兰克林谈遗憾

人们都知道本杰明·富兰克林是第一个探索天空雷电原理的科学家,却很少有人知道他是第一个感觉到黑体辐射的人。其实,早在1740年左右,他把不同颜色的布片放到阳光下,发现布的颜色越深,吸收的热量越大;颜色越浅,反射出来的热量越大。在一次报告里他就指出:在炎热、晴朗的天气,穿白衣服比穿黑衣服更合适;人们戴浅色太阳帽以减少热量。

这里说说富兰克林的一个略带遗憾的故事。他有一个小侄子,每天到他的工作室来淘气,严重影响其研究。用什么法子将这孩子引开呢?富兰克林想到这小孩喜欢听口哨,便买了个哨子让他吹。果然,小侄子不再来直接烦他了。但是,不规则的哨音不断,惹得富兰克林心神不宁,他懊恼地说:"哨子的极高代价。"侄子从喜欢听口哨到自己学会吹口哨后,显摆个不停,陶醉在自己发现的新能耐中。

在汉语中,"too dear for the whistle"对应于"得不偿失"或"弄巧成拙",指在日常生活中,为了解决一个问题而付出,结果引起更多的麻烦。

其实,有的新麻烦可使人发现新问题,如果富兰克林能在这小孩边运动边吹哨子的情境中注意辨别出音调的变化,那么他可就是最早发现多普勒效应的人了。

在科研中,我们常常也有这样的体验,为了解决一个问题而付出,结果更多的问题接踵而来。有新的问题等待解决,难道这是孬事吗?非也,有事情干了,那实在是求之不得啊,这是真的"dear"啊。要知道,对于科学家来说,没有有意思的课题让人思考,是多么枯燥啊。

富兰克林还有一个遗憾是这样的，临终时，他说：“科学的迅速发展，使我有时遗憾我降生太早。要想象一千年以后人类征服物质世界的力量将达到何种程度是不可能的……”但富兰克林没有提到人类的生态环境是否会恶化的问题，如果不重视解决这个问题，那会是遗憾之遗憾了。

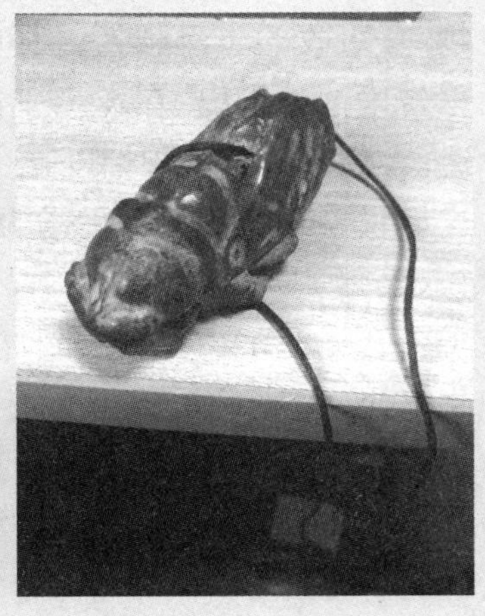

一只明代的蝉形瓷哨子，象征性明显，为戚继光军营所用，哨音嘹亮

27
谈徐锡麟的《照魂镜》

《西游记》中谈到的托塔李天王的照妖镜，妖怪被它一照，其原形毕露。作者吴承恩的想象力可谓丰富。换一种想象的思路，人不是妖怪，能否有一种镜子能照出人的灵魂。这个点子不是我先有的，而是源于清末民初徐锡麟。徐锡麟是辛亥革命著名的烈士(1907年7月6日，徐锡麟在安庆刺杀安徽巡抚恩铭，率领学生军起义，攻占军械所，激战4小时，失败被捕，次日慷慨就义)。

清德宗光绪二十七年(1901)，徐锡麟出任绍兴府学校算学讲师，得到知府重用，后升为副监督。在此岗位上，他十分重视对学生的道德品质教育，并讲究方式方法。一次，有个衣冠华丽的学生偷了东西，徐锡麟知道后，本想在大会上点名批评，但觉得这样做效果不好，于是，把这个学生叫到了办公室。

"你知道，我为什么叫你来吗？"徐锡麟平静地问。

"我不知道。"学生满不在乎地答道。

"现在我要告诉你一个好消息，我已经找到了那个小偷。"

话音刚落，那学生的脸色顿时变了，但又故作镇静地问："小偷在哪里？"

这时，徐锡麟递给他一面镜子说："你看，小偷就在镜子里，你仔细照照他吧，先照照外貌，再照照灵魂。"又说，"一个人固然需要讲究外表，但更应具备纯洁的灵魂。"

人都有丑恶的一面，有时候道德与欲望处于叠加态。《红楼梦》中"风月宝鉴"就是照彻灵魂美与丑的双面镜，贾瑞因迷恋丑的一面而丢失性命，这真有点像量子力学中的波粒二象性，你若从丑的方面来观照，就会显示丑的一面；你若从美的一面来观照，就会显示美的一面。

所以我认为，想象镜子有照灵魂的功能，这许是荒诞不经，但也许是科学幻想，说不定将来能靠类似量子纠缠的东西将其付诸现实呢。

28
注解物理需要好文字

我曾在交流文物的地摊上看到明代薛晋侯造的一方铜镜，仔细辨认其背面有楷书铭文："既虚其中，亦方其外，一尘不染，万物皆备。"读后深为撰文者所折服。他既道出了平面镜成虚像的物理，又指出了照镜人应有的品德（虚心、方正和纯洁），更隐含了禅机（万物皆备于我）。可见注解物理需要好文字，好的文字描述不但能对物理一语中的，而且能给学生以文字的欣赏，正是一举两得。我想，中学的物理课本在讲到平面镜时，如能配上这面铜镜及这十六字铭文，则增色也。或者，在讲平面镜时在黑板上写下"明镜不疲屡照"，也是很有意义的。

我的朋友何锐说物理学是一门很客观的学问，绝没有感性的成分，但这并不能否认物理学自身存在的美。人们正是觉察到物理学自身简单和谐之美才产生了探求物理理论的动机，而这需要物理研究者一方面表达出发现物理规律的感受和经验，一方面又要准确恰当地诠释它们，这就需要好的文字。

我曾用南唐李煜的"剪不断，理还乱"来注释量子纠缠，也曾写下"乘梯觉重轻，照镜迷左右"来分别描写失重与超重的感觉和宇称。但我的文学功底不够好，对于其他众多的物理词汇没有想出好的文字描述，深感惭愧。

物理学家汤姆孙（J.J.Thomson）在纪念瑞利（J.W.Rayleigh）的讲话中提到："在科学上，有两类人。一类是写那些科学的第一个句子的人，他们可能被视作领导者；而另一类是那些写最后一个句子的人。瑞利则属于第二类。"

写科学句子的人，需在重压下书写尽量贴切自然的语言。因为科学中的不少思想和规律是难以用一般的词汇来形容的，所以需要科学家有很好的文学功底。例如，英文的entropy（热力学词语）被译为熵。从这方面而言，理论物理学家应该具有诗人的素养。

29
蔡元培为燕京大学题的匾

在中国近代教育史上，蔡元培是一个不朽的名字，他一生致力科学与民主，废除封建教育制度，奠定了我国新式教育制度的基础，为我国教育、文化、科学事业的发展做出了富有开创性的贡献，被毛泽东同志誉为“学界泰斗，人世楷模”。

1917年至1927年，他任燕京大学校长，革新燕大，开“学术”与“自由”之风。

他提倡东西文明的媒合。他说：“媒合的方法，必先要领得西洋科学的精神，然后用它来整理中国的旧学说，才能发生一种新义。如墨子的名学，不是曾经研究西洋名学的胡适君，不能看得十分透彻，就是证据。”他还预言了如今学生的一些弊端：“平时则放荡冶游，考试则熟读讲义，不问学问之有无，惟争分数之多寡。实验既终，书籍束之高阁，毫不过问。敷衍三四年，潦草塞责，文凭到手，即可借此活动于社会，岂非与求学初衷大相背驰乎？”

我最近见到了蔡元培为燕京大学题的匾，是一位香港同胞寄给我看的（由此联想到我曾经也收藏过燕京大学的一件文物——燕京大学的阅览室借书牌）。

有人怀疑它是后来仿制的。那么请仔细看照片，每一个字都是手工雕刻在象骨上的，刀锋遒劲有力。而且美术字“燕”和“京”融合在一起，故必为真件。

看到文物而出高价为社会收藏之，是文化人的义务。所以我出高价收藏了蔡元培的五蝠砚台，背面刻上了“文若春华思若泉涌，参以酒德间以琴心”。仔细观摩此题刻非匠人所为也。

1952年燕京大学整并，文科、理科多并入北京大学，工科并入清华大学,社会学类学科并入中国人民大学。校舍燕园由北京大学接收,现在其建筑仍为古迹。

燕京大学的阅览室借书牌,中间图案含燕、京二字

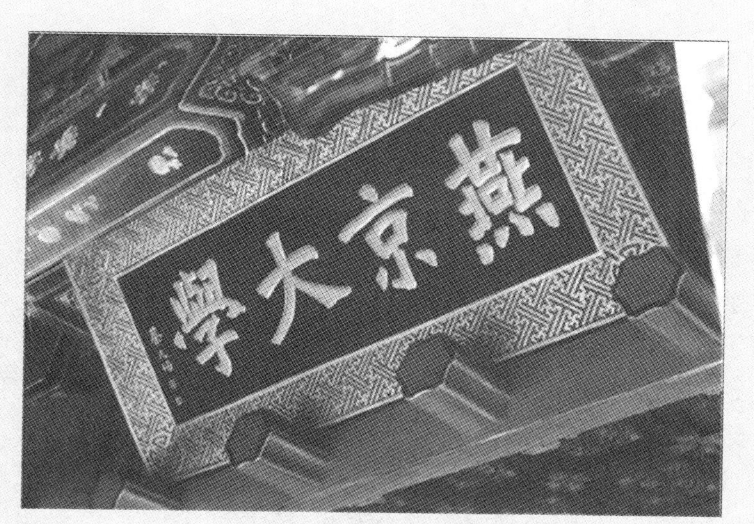

蔡元培为燕京大学题的匾

蔡元培手刻五蝠砚台：文若春华思若泉涌，参以酒德间以琴心

30 王文治谈书法给我的启示

清代书法家王文治总结作书人的心境:"心则通矣,入于手则窒;手则合矣,反于神者离。无所取于其前,无所识于其后,达之于不可迕,无度而有度。天机阖辟,而吾不知其故。"(摘自姚鼐写的《快雨堂记》)。我对这段话的粗浅理解是:心里是明白该怎样写了,但一上手就不能挥洒自如;即使手合于心了,写出来的也是貌合神离。之前没有什么可取之处,之后也没有什么体会,所达到的不过是无可奈何的,没有法度却又有法度。天机有开合,而我不懂得这是什么道理。

王文治又总结道:"书之艺……勤于力者不能知,精于知者不能至也。"王文治的体会符合苏东坡的论述:"有道而不艺,则物虽形于心,不形于手。"

我们研究理论物理的何尝不是如此,心中想通了一件事,却不能用手、笔推导出来。即便用手推导得到了结果,也不一定有物理意义,与原先的目标相离。做题前,没有什么可借鉴的,做完也没有太多新意,只是为做而做而已。一个课题到底做到什么程度,天晓得呢!

例如,狄拉克创立的描述量子力学的符号法,懂的人不多,即使弄懂了符号的意义,也不会使用,心手不一。所以我意识到有必要从变换的角度去理解之,若能对ket-bra算符实现积分,既是新想法,又能创新算法,能知能至,对于量子力学的进展就是一项贡献。我发明量子力学的狄拉克符号的思路正好践行了王文治的书法创作观。

所以我们研究理论物理的人,光是勤奋(每天推导几十页公式)还不够,还要常常想想自己的出发点是否有意义,就像王文治的《山行》诗“四月深山绿作屏，山人无日不山行。登山力健犹持杖，要听铿然嘎石声”中所言，时时要关注前进步伐的声响。

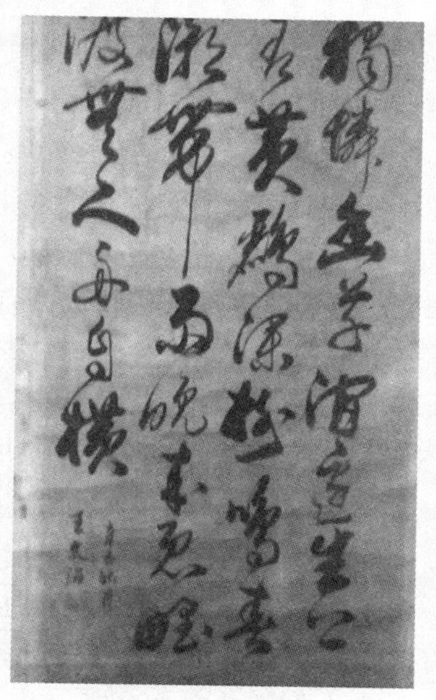

王文治的墨宝

31
寻访方以智墓地

明末学者方以智曾将其研究成果写成《物理小识》一书，提出了宙轮于宇的见解，即时间在空间中像轮子一样旋转不停，时间中有空间，空间中有时间，时间、空间相互渗透，相寓相成。这个时空观虽然只是思想的火花，带有自发猜测的性质，却先于闵科夫斯基的把时间和空间综合在一起的认识。

方以智有"穷理极物之僻"。他研究物理有两个鲜明的特点：一是总结和发展前人的知识，如他所云的"且劈古今薪，冷灶自烧煮"；二是在日常生活中观察物性细腻，如他仔细地记录了用比重的差异从混合矿石中分离各类金属的方法，以及用莲子、桃仁、鸡蛋、饭豆进行盐卤浓度实验的方法等。

如此有才的人，却为人迫害，只好隐居逃禅，在拜谒文天祥墓的途中客死他乡。2017年清明节过后不久，我与池州学院吴伟锋驾车专程去拜谒方以智的墓地，问路多次(被问的对象也只是知道这附近有一个大墓，而不知墓的主人是干什么的)终于寻到。到达时已是下午5时许，日落余晖斜照墓地，似表明方以智先生的智慧仍在闪光。此情此景，使我想起范当世(1854—1905)的一首诗《大桥墓下》：

草草征夫往月归，今来墓下一沾衣。
百年土穴何须共，三载秋坟且汝违。
树木有生还自长，草根无泪不能肥。
泱泱河水东城暮，伫与何人守落晖？

我也是学物理的，"词客有灵应识我"，惺惺相惜，特为此茅草丛生的孤坟野魂作诗一首，以表感慨：

一路寻圣迹，问询村落间。

有名却隔代，无求也罹难。

入土就荒冢，在天列仙班。

曾著物理书，惜乎少流传。

拜谒方以智墓地后，在回合肥的路上，我对吴伟锋说："清代初年还有一个蒙冤屈而死的学者金圣叹。曲江廖燕评金圣叹曰：'予读先生所评诸书，领异标新，迥出意表，觉千百年来，至此始开生面。呜呼！何其贤哉！虽罹惨祸，而非其罪，君子伤之……'然画龙点睛，金针随度，使天下后学，悉悟作文用笔墨法者，先生力也，又乌可少乎哉？其祸虽冤屈一时，而功实开拓万世，顾不伟耶？"

吴卫锋默然未答，大概是在专心开车吧。于是，我又补充说："方以智是明代崇祯年间的进士，与《桃花扇》中的侯方域齐名。侯方域在商丘的出生地我也曾拜访过，而这次来看的是方以智的墓地，正应了'古人生死各千秋'啊。"

方以智墓

夕阳斜照，作者坐在方以智墓地上

桐城嬉子湖畔的方以智雕像（笪诚摄）

32 对"太极图"的陋见

老子的思想中说:"道之为物,惟恍惟惚,惚兮恍兮,其中有象,恍兮惚兮,其中有物。"中国的"太极图"就是两条黑白鱼互纠在一起,俗称"阴阳鱼"。白鱼表示"阳",黑鱼表示"阴"。白鱼之中有一黑斑,黑鱼之中有一白斑,表示阳中有阴,阴中有阳之理。"万物负阴而抱阳,冲气以为和。"(《老子第四十二章》)

从物理的色的观点看,"太极图"中的白斑预示了光衍射的泊松斑。当单色光照射在宽度小于或等于光源波长的小圆板或圆珠时,之后的光屏上会出现环状的互为同心圆的衍射条纹,并且在所有同心圆的圆心处会出现一个极小的亮斑,这个亮斑就称为泊松亮斑。泊松亮斑表示光的波动性(由菲涅耳提出)。而"太极图"中的黑斑反映光的粒子性,小圆板挡住直线传播的光,在其后面留下阴影。所以我理解的"太极图"暗含了光的波粒二象性。

既然大众都承认"太极图"展现了一种互相转化、相对统一的形式美,我就以光的波粒二象性来注释它,赋予它新的物理涵义,也未尝不可。

以上见解,许是牵强附会之说,许是搞笑逗乐,许是哗众取宠,愿闻批评。

天然黑白双色之鱼儿

33 与物理有关的古谜语

昨日整理家母遗物，见有一张有些泛黄的纸上手抄了一些句子，记录的是在我孩提时任小学老师的母亲（毛来官，又名毛婉珍）在闲暇时让我猜的谜语。其中的一部分，我现在读来也未能一下子猜出，但在当时确实激发了我的想象力。注意到它们都是与物体或物性有关的，比较形象，所以录下来给读者看。

(1) 小小客宾，辫梳三根，月半动身，十六到京。（力学谜语）

(2) 颜色白如雪，腰里打个结。不住在水里，住在水隔壁。（水力学）

(3) 圆如盘，亮如镜，有人翻得转，神仙吕洞宾。（水力学）

(4) 有嘴没鼻头，一敲敲到额角头。（声学）

(5) 有嘴无舌头，有眼无鼻头，两脚翘在胸窝头。（力学）

(6) 四四方方一片田，耕了大小边，种得荸荠卖铜钱。（统计力学）

(7) 城里一根藤，城外来生根，括搭一棍子，叽里咕噜骂进城。（力学）

(8) 五指琵琶三指音。有人听得琴声响，除非神仙吕洞宾。（波动学）

(9) 四角玲珑四角挑，十二个童生进考，若有一个不赶到，拆开龙亭再修造。（时空）

(10) 铜船木橹，一船红火，细雨微风，旋转就动。（热学）

(11) 扭扭捏捏出门台，出了门台永不来。我见主人很轻快，主人见我泪哀哀。（热学）

(12) 瘦瘦一个矮子，长长一根辫子，一碰碰着个麻子，一别别到布政使。（力学）

(13) 乌盆吃食,白地摇头。(运动学)

(14) 白纸包麝香,抛在海中央。听得潮声响,连忙带网张。(热学和水力学)

(15) 驼子背袋米,背到衙门里。衙门括搭开,驼子跳进来。(力学)

(16) 半张进,半张出。半张燥,半张湿。(热学)

(17) 好像房屋初初造,好像偷儿打的吊,好像一乘奈何桥,好像风吹秤头摇。(力学)

(18) 暗洞洞,亮洞洞,天下英雄抬不动。(力学)

(19) 风吹吹得动,刀切没有缝。(水力学)

(20) 团团圆圆腹中空,好像镜子摆当中,文武百官都朝见,皇帝也要打鞠躬。(力学)

(21) 天样大,地样阔。壁缝里,钻得过。(光学)

(22) 奇奇巧巧,陪人过桥。落雨不退,火烧不焦。(光学)

童时我还随父亲(范锦华)背诵过一些宁波民谣,如今还朗朗上口呢!

古诗揭理

34
歌颂葛洪的明代古诗

药学家屠呦呦，宁波人，创制新型抗疟药青蒿素，为解决治疗预防疟疾这一世界医学难题做出贡献，并因此获得2015年诺贝尔生理学或医学奖。屠呦呦坦陈其研究灵感源于葛洪的中医药学著作《肘后备急方》。葛洪(284—364)，字稚川，自号抱朴子，汉族，东晋丹阳郡句容(今江苏句容县)人。三国方士葛玄之侄孙，世称小仙翁。他曾受封为关内侯，后隐居罗浮山炼丹。著有《肘后备急方》等。唐代诗人曹唐曾有诗句赞葛洪在罗浮山的场景："龙蛇出洞闲邀雨，犀象眠花不避人。最爱葛洪寻药处，露苗烟蕊满山春。"苏轼在《游罗浮山一首示儿子过》中说："东坡之师抱朴老，真契久已交前生。"葛洪是中国东晋时期有名的医生，是预防医学的介导者。其《肘后备急方》中最早记载一些传染病如天花、恙虫病症侯及诊治。"天行发斑疮"是全世界最早有关天花的记载。

如今在广东省惠州市博罗县罗浮山朱明洞景区建有葛洪博物馆，馆牌匾由屠呦呦亲笔题字。以葛洪文化、罗浮山中医药文化为基础，该馆主要有动画、VR、4D电影等声光电技术手段以及300余件历史文物，主要展示葛洪夫妇生平事迹、著作、医学的贡献。在武夷山市与江西省交界的某座山上也有纪念葛洪的殿宇，我于2017年去那里爬山偶然见到。

这里我录下明代卢鸣玉[字君式，嵊县东隅人，崇祯十三年(1640)庚辰科进士(三甲一百零七名)]的《葛仙翁坛》：

轻浮短棹入溪光，石濑盘纡具与长。
夜杵乱舂新黍熟，葛巾初洒晚秔香。
霞封古洞仙翁竈，月近高楼处士床。

未许入山能久住，愿随沙鸟能相将。

该诗是我偶然在一淘来的旧书手抄本中读到的，歌颂了葛洪守志抱朴的科研精神。因为别人没有那古本(是孤本)，我觉得自己有义务为葛洪博物馆提供之。

35
古诗对我学物理的启迪

我多年来爱读古诗，不但是因为诗的境界高远，如刘禹锡所言“片言可以明百意，坐驰可以役万景”，可扶我体内正气不做小人，而且能磨砺我学物理的意志，启迪我学物理的方法。因为诗不止于抒情，也有说理诗，如：“天上虚传织锦梭，人间哪得支机石。”更有两者兼备的，如宋代诗人杨万里的《岸沙》：

水嫌岸窄要冲开，细荡沙痕似翦裁。
荡去荡来元不觉，忽然一片岸沙摧。

按字面上解是讲岸沙的形成原因和过程，我却从其中领悟到研究物理须反复琢磨，总有一天会豁然开朗。

又例如读唐代诗人杜荀鹤的《泾溪》：

泾溪石险人兢慎，终岁不闻倾覆人。
却是平流无石处，时时闻说有沉沦。

按字面上解是泾溪里面礁石很险浪很急，人们路过的时候都非常小心，所以终年都不会听到有人不小心掉到里面淹死的消息。反尔是在水流缓慢没有礁石的地方，常常听到有人被淹死的消息。我却从这首诗中领悟到在平凡的地方入手研究物理会见到胜景。符合“看似平常最奇崛”。

再看清代画家王文治的《莲巢秋林新雁》：

萧萧老树倚山隈，不中梁材中画材。
万里遥天秋洗净，恰添新雁一行来。

我从其中领悟到指导研究生要因材施教，根据他的素质恰如其分地指导，发挥其特长。

古人有云：“理语不必入诗中，诗境不可出理外。”然物理无所不在，对此论或应重新斟酌。

36
凉亭无窗风自在,床前有月人沉吟

一日清晨,我顶风骑车经过科大东校区第一教学楼东侧的一个凉亭时突然诵出一句“凉亭无窗风自在”,作为上联,随即跟了一句“床前有月人沉吟”。李白因为床前明月光,才有低头思故乡的沉吟。

我们做科研的,没有文献读,是何等自在,随心所欲,有原创的机会。待到文献已经积累一大堆要看时,便只有沉吟的份了。想当年,爱因斯坦创建广义相对论时,是没有任何文献可以借鉴的,他怎么想都可以,甚至荒诞不经。提出电子有自旋概念的乌伦贝克和哥德施密特当时也是因为涉于电动力学理论不深,既没有读什么文献,又是名不见经传的小人物,就是写错文章也没什么负担,自在得很,才将电子有自旋的论文投了稿。相反,老科学家洛伦兹太有电动力学理论知识了,对于这个观点是否正确还在那里“沉吟”半晌,结果其判断还是错的。

前两年,与何锐结伴游览皖西大峡谷,登顶后曾在一个凉亭上小息,凉风习习,可就没想到这个对联。今天不知怎么就冒出来这副颇有禅意的对联了呢?是我有禅心而顿悟了呢,抑或是因为“寺壁题诗自禅意”,在科大的校园里慎独久了呢?

“慎独”两字原意是指君子在别人看不见的时候,在别人听不到的时候,也要谨慎自己的言行。而如今,我以为这两字还带有积极的自在之意,不见得只是小心翼翼的意思,难道不是吗?

“床前有月人沉吟”还使我作了一首诗:

时梦时醒恍惚时,忽主忽客有谁知。
李白床前明月光,借来照我读相思。

37
读诗谈物理

读王维诗谈物理的“响”

古代大诗人的作品都是雍容揄扬、达情宣理的,可以助人怡情释怀。我这次在病中觉得孤寂,耳边却好像有人在宽慰我。于是联想起了唐朝王维的诗句:“空山不见人,但闻人语响。”这个“响”字不只是指听觉上对声音强弱感到的轻重程度,而是别有物理意义。

看去空无一人的山坳里,王维听得朗朗笑语,但由于回声的多重反射,一时间很难判断人声究竟来自何方,耐人寻味。所谓,夫行非为影也,而影随之;呼非为响也,而响和之。王维用的“响”字暗示了回声有交混回响时间,的确,只有在没有太多障碍物的情况下,声音才能在山谷中往复回荡,方才可以说“人语响”。如今建造优良的音乐厅,都要考虑交混回响时间,适当的交混回响时间可以使声音变得更雄厚。现今的人们定义:在声源发出声音后,声强减到原来强度的百分之一所需的时间叫作建筑物的交混回响时间。所以“但闻人语响”中的“响”不能仅仅解读为“只能听到那说话的声音”,还应包含山谷中的回声有交混回响时间的意思。王维以后,苏东坡曾在一个庙的墙壁上看到诗句:“深谷留风终夜响,乱山含月半床明”,这“深谷留风终夜响”也暗示了深谷中的回声有交混回响时间。

如此看来,王维的诗歌不但兴象深微虚幻,意境湛然空明,充斥禅意,还反映了王维有物理感觉。

古人的诗中含“响”字的并不多。我收集如下:落泉奔涧响,风急柳溪响,溪冰寒棹响,日高山蝉抱叶响,细雨乍经岩溜响(一个“溜”字妙极)等;还有风卷翠帘琴自响,万里踏桥乱山响,潮生水郭蒹葭响,潮声夜半千岩响,山猿悲啸谷泉响,山高无风松自响,万里踏桥乱山响,泉落断崖深峪响,梢檐细竹含风响等诗句。后面几句还包含了共鸣声响。

读陆游诗谈物理的研习

信手又翻到陆游的一首诗《冬夜读书示子聿》:

古人学问无遗力,少壮工夫老始成。
纸上得来终觉浅,绝知此事要躬行。

一般译为:古人做学问是不遗余力的,往往要到老年才取得成就。从书本上得来的知识,毕竟是不够完善的,如果想要深入理解其中的道理,必须要亲自实践才行。

这是宋宁宗五年陆游在一个寒冷的冬夜写下送给儿子子聿的。意思是说,从书本上得到的知识毕竟比较肤浅,要透彻地认识事物还必须亲自实践。

然而,从爱因斯坦提出广义相对论这个事实来看,陆游写的“纸上得来终觉浅”还是有例外的,爱因斯坦是在完全没有经过任何人“躬行”的条件下提出这个深奥的理论的,他自己也曾强调过这一点。尽管物理学本质上是实验科学,需要人实验。也就是说,理论物理学家在纸上谈论的东西也不一定肤浅,不少情形下,理论有时会走在实验的前面。

另有一点与陆游所说不敢苟同的是“少壮工夫老始成”,因为不少量子力学大师如海森伯、狄拉克和泡利,他们的工夫都是少年成的。

38
作咏物诗是物理学家的天职

古人曰:“诗能体物,每以物而兴怀;物可引诗,亦因诗而睹态。作诗可以养人性,驱邪秽,消郁闷。”我的朋友李玉剑和何锐都喜欢写诗,这是偶然吗?我想不是,因为他们都是学物理的,学物理的人比较真实,而王阳明先生指出:“人之诗文,先取真意。”诗写得好的科大校友还有浙江籍的何海平,学材料物理出身,如他的近作:

咏蝉

入夏蝉声急且繁,不分日盛与宵阑。
拼将泥下三年苦,换得枝头一月欢。
出处自依时令转,死生何计鸟虫餐。
但留遗蜕堪明目,俾见浮生粲亦难。

我们的彭桓武老先生(物理前辈)生前也喜欢写诗(我曾在他家见到他的诗稿)。究其原因是:诗人睹物引思,咏物抒怀。而物理学家无时无刻不心存物理,借物托兴。故作咏物诗应该是物理学家的天职。或者说,除了弄文学的人以外,从事物理研究的人群中喜欢诗的人肯定比其他行当的爱诗者多。而且,物理学家力求科研创新,故其写诗力避俗意。

报考中国科学技术大学中美联合招考物理学研究生项目(USPEA)的任勇也是一个诗迷。他擅长以物理入诗,如:

日食

一从大地辟黑白,
便有嫦娥驾月徊。
伊是仙人犹可梦,
侬迷天狗或成灾。

金阳羞掩千般炽，
玉影钩残万里埃。
今日乐观天上景，
岂容愚昧又重来。

忆江南·日食

天象好，
月落日徐开。
羞掩金阳千度炽，
钩残玉影万重埃。
能不解忧怀。

古人的咏物诗中有一些含有物性，如金代完颜璹的《对镜》："镜中色相类吾深，吾画终难镜里寻。明月印空空受月，是他空月本无心。"说出了平面镜成像是个虚像。

又如唐代李峤的《钟》："疏钟何处来，度竹兼拂水。渐逐微风声，依依犹在耳。"隐含了声波的传播和叠加原理。

再如，诗仙李白《戏咏不倒翁》中的"尽受推排偏倔强，敢烦扶策自支撑"两句，形象地道出了物的重心落在其支撑面内的结果。也暗喻了他不畏权贵的性格。李白对不倒翁的特点真是勾画得活灵活现。

要想在咏物诗中透些物理，并不容易，其物理涵义须不即不离，不能太露，也不能过涩。我在《中秋望月》里曾写过"应识月光谱，读出离人愁"，似乎有点创新吧，因为古人不知光谱的概念。

我还写过《雨中乘动车》：

千里沃野退望中，近景后闪远峰从。
山走蜿蜒车直行，林萎青苍色朦胧。
忽见窗划平斜流，犹瞥河钓斗笠翁。

追风穿雨车行急,欲超光速追时空?

其中“近景后闪远峰从”体现人在运动中的视觉效应,“忽见窗划平斜流”则是描写雨水在高速运动的车窗的轨迹。动车再快,尚不能超光速实现时空之穿越也。

诚然,如杨万里所说的“山中物物是诗题”,那么,什么样的咏物诗最好呢?我认为是能体现实物与空灵相辅相成的诗,有是相非相之妙。如清代张问陶的《冬日即事》:“人断五更梦,天留数点星。乱鸦盘绕日,落木响空庭。云过地无影,沙飞风有形。晨光看不足,万象自虚灵。”其中“云过地无影,沙飞风有形”颇有物理味道。记得有一年我与妻子翁海光同攀黄山,忽然雷电大作,急雨滂沱,身处绝壁心悬虚空,便写下一联“闪电裂天撕雨帘,霹雷掷地无踪迹”,验证了清代学者梅曾亮所说:“无我不足以见诗,无物也不足以见诗,物与我相遭,而诗出其间也。”这里的“我”指物理学家尤为中肯。

李白说:“不有佳咏,何伸雅怀?”物理学家对物之变幻独具慧眼,情有独钟,所谓“含情而能达,会景而生心,体物而得神”,必有异于文学家之妙作也。而且,作咏物诗使物理学家的人格得以净化,胸襟得以开阔,志向得以舒展,强如游山玩水。

儿童作咏物诗可以训练智力发展,如北宋的王禹偁幼时写的“磨”诗(人以磨为题,即兴考王禹偁):

但存心里正,无愁眼下迟。
若人轻着力,便是转身时。

我感慨系之,和诗曰:

独怜磨盘苦思忖,曾碾黍谷多少吨。
粉粮已然化能去,弃磨向隅留遗恨。
我坐磨上意琢磨,赋诗于磨题难申。
如此简形日用物,扬名神童王禹偁。

以上说的是咏物诗，其实古代也不乏颂人诗，如李白歌颂杨贵妃的“一枝红艳露凝香，云雨巫山枉断肠。借问汉宫谁得似，可怜飞燕倚新妆。”（原意是为取悦唐明皇和杨玉环的，可有人进谗言，说此诗拿杨玉环比赵飞燕，不怀好意。于是，李白被“上纲上线”为大不敬罪而失宠）

与书法家闫珂柱同坐磨盘

39
谈写景古诗中的色和声

仔细阅读和欣赏中国的写景古诗，色（光）和声这两个感觉（视觉和听觉）不时地会出现在古人的吟哦中，体现色中有相，籁中有声。如王维的“泉声咽危石，日色冷青松”和杜甫的“古墙犹竹色，虚阁自松声”，这两例是显含“色”和“声”两字的；也有不明显含的，如韦应物的“日落群山阴，天秋百泉响”，阴天是灰色，泉响是流水辟空声；韩翃的“幽磬禅声下，闲窗竹垂阴”，刘长卿的“官舍已空秋草绿，女墙犹在夜乌啼”，李端的“废井虫鸣早，阴阶菊发迟”，陆游的“雨到菇蒲先有声，霜前草树已无色”“拂檐高树借秋声，傍水断云含暮色”，司空曙的“苔色遍春石，桐影入寒井”“桐影入寒井”，我认为是无声胜有声。

偶然也有将色（光）和声缠在一起的，如韩愈的“微灯照空床，夜半偏入耳”；也有兼谈光和色的，如南宋杨万里的“月色如霜不粟肌，月光如水不沾衣”；还有将声与色（明）一起形象思维的诗，如白居易的“已衾讶枕冷，复见窗户明。夜深知雪重，时闻折节声”。

能将色和声融在一起并且与世情和谐的，写得最好的我认为是温庭筠的《商山早行》：“鸡声茅店月，人迹板桥霜。”月和霜是白色，有冷凝和凄凉感，鸡声催促人生匆匆，都是“间道暂时人”。有情有境，看似无我之境，却也可以有我。

而且，《商山早行》可以入禅定。有一小故事为证：

南宋时金兵入侵，读书人衣食无保，遁入空门者众。浙江有一秀才皈依佛门，名释春。一日云游至拾得寺，拜谒方丈无景禅师，问：“佛门弟子可做得好诗否？”

无景答：“皑皑星霜，淡淡河汉，皆可入禅诗。”

释春道:“小僧造诗,浅学渔猎,镂心伤神,然终无禅意。望赐教。”

无景答:“晨起,闻鸡声,望茅店月。”

释春大悟,拜谢而去。后所作写景诗皆以他物衬托之。

那么,视觉和听觉在古人那里有没有上升为物理感觉呢?从桐影明暗相间杂看,似乎司空曙已经想象到光有光压,掉入井中也发声吧。

40
向韩愈学想象力

想象力是一个物理学家应具备的特质，大学物理系学生尤其要注意培养之。

一般认为唐代的浪漫诗人李白想象力丰富，而韩愈是写古文出名的，似乎其文章比较程式化，不太可能有丰富想象力。直到最近我读了韩愈的一首咏月诗，才知道他的想象力非同一般，直指现代数学物理学家的素质。

韩愈的诗：

玉碗不磨着泥土，青天孔出白石补。

兔入臼藏蛙缩肚，桂树枯株女闭户。

第一句，将皎洁的月亮比喻为玉碗，其上的阴影看作是碗沾了一些泥土，已经颇有想象力。而第二句，把月亮想象为天上出现个洞，需要有东西来补窟窿，于是就用一块圆圆的白石头来填上，这是别出心智的。以前我的中秋望月诗中有两句"应识月光谱，读出离人愁"，原以为想象得不错了。其实，与韩愈的"青天孔出白石补"比较，真是相形见绌。

南唐时，有一诗僧写中秋月诗"此夜一轮满"，好不容易又想出下一句"清光何处无"，自鸣得意，高兴得半夜里去撞钟，被上级听到呵斥。可惜也比不上韩愈的诗作。

能与韩愈写月诗想象力相媲美的是晚唐诗人、词人、五代时前蜀宰相韦庄(约836—约910)的两句诗"若无少女花应老，为有姮娥月易沉"，由于姮娥的重量使得月易沉，多少也有点物理意味呢。

难怪后人赞韩愈的诗是颠倒奇崛,变乖百出。清代惜抱先生曾写道:“文之出奇怪惟功深以待其自至,却又须将太史公、韩公境悬置胸中,则笔端自与寻常境界渐远也。”

此论值得我们研习物理者借鉴。如今的学术界中若有韩愈这样的人物,国之幸也。

41
从唐代诗人方干的一首诗谈多普勒效应

最典型的靠听觉获得物理结论的是多普勒所感觉到的声学效应。多普勒(1803年出生),奥地利人。一天,他正路过铁路交叉处,恰逢一列火车从他身旁驰过,他发现火车由远而近时汽笛声变响,音调变尖,而火车由近而远时汽笛声的音调变低。他对这个物理现象产生极大兴趣,并进行了研究。发现这是由于振源与观察者之间存在着相对运动,使观察者听到的声音频率不同于振源频率的现象。这就是频移现象。1842年,他在布拉格的皇家波希米亚(Bohemian)科学协会的一次演讲中公布了他的见解,当时只有5名科学家及1个记录员在场。

1845年,荷兰气象学家白斯·巴洛特听到这一发现后,鼓动了一群吹喇叭手在一辆运动的火车的踏板上尽可能地吹同一个音符,并让有音乐素养的听众在铁轨两旁仔细听。在火车由远而近驶过听众再离开的过程中,他们听到了这个音符音调的明显变化。证实了多普勒的发现。

当波源向观察者由远而近驶来,相当于把波"挤扁"了,在单位时间内,观察者接收到的完全波的个数增多,即接收到的声波的波长变短,频率增大,音调就变高。同样的道理,当观察者远离波源,声波的波长增加,观察者在单位时间内接收到的完全波的个数减少,即接收到的频率减小,音调变得低沉。音调的变化同声源与观测者间的相对速度和声速的比值有关。这一比值越大,改变就越显著,后人把它称为"多普勒效应"。

实际上,更早注意到这种由于相对运动而产生的变频现象的是我国唐代诗人方干,他写的诗文如下:

举目纵然非我有，思量似在故山时。

鹤盘远势投孤屿，蝉曳余声过别枝。

凉月照窗欹枕倦，澄泉绕石泛觞迟。

青云未得平行去，梦到江南身旅羁。

“蝉曳余声过别枝”说明他肯定觉察到了蝉鸣不已，拖着尾声飞向别的树枝过程中音调的变化。可惜他没有把它总结为一个物理效应，而只是寄寓了怀才不遇、虽自视清高脱俗而又无可奈何的感慨。

方干是如何吟得这句诗词的呢？

方干暑夜正浴，时间有微雨，忽闻蝉声，因而得句。扣友人门，其家已寝，惊问其故，曰：“吾三年前未成之句，今已获之，喜欢而相告耳，乃‘蝉曳余声过别枝也’。”

方干三年吟得这句诗词的治学精神让我惭愧。

最后值得一提的是，我国东汉年间的张衡也指出：“翼迅风以扬声。”这里的“扬”是指声频的提高，可见他的物理感觉之敏。

42 谈杜甫诗对物理现象的描述

诗圣杜甫是咏物抒情的写诗高手，在这方面历史上无人能与之比肩。我近期专拣他的咏物诗念，不但发现其描述物理现象准确精到，而且更令人叫绝的是：

(1) 能现物的气势和灵动。如“远鸥浮水静，轻燕受风斜”（宋代苏东坡特别赞赏这个“受”字用得活）；又如“众水会涪万，瞿塘争一门”（涪水在四川省中部，注入嘉陵江），众水会合涌争瞿塘峡口，波澜壮阔。

(2) 能体现物理知识。如“星垂平野阔，月涌大江流”，前一句体现了视觉的相对性，后一句则反映了引力和潮汐。不但如此，对于同样的对象星和月，杜甫又写出了“星临万户动，月傍九霄多”，他的思路是多么开阔。比起我写的“似曾相识每弯月，颠沛流离各自星”那样的平铺直叙，要高明得多。

(3) 能咏哦出物态变化，如“山城含变态，一上一回新”“锦江春色来天地，玉垒浮云比古今”，比起我写的“物以变换含理趣，人因思考长精神”要含蓄、流畅得多。

(4) 虽描写物，也带有拟人的意境。如“渴日绝壁出，漾舟清光旁”，这“渴日”是神来之笔，用得真是“前不见古人，后不见来者”；又如“葵花倾太阳，物性固难夺”。

(5) 能体现庄子的观察者与被观察对象是否能统一的思想。如“水深鱼极乐，林茂鸟知归”“水流心不竞，云在意俱迟”，认为鱼儿的快乐是可以被观察的。

杜甫观察到了千变万化的物理现象，指出“物理固难齐”“物理固自然”，但他毕竟不是物理学家，无怪他感叹道“茫茫天地间，理乱岂恒数”，表现出了他对从变化中找出恒定不变规律的渴望。

我们学习研究物理的人，多读他的咏物诗，能够发展对物理相似性的想象力，能够提高对物理理论的抽象力，因为杜诗“细推物理”，是最会玩风物、做比兴的，难道不是这样吗？

读多了杜甫的诗，我才觉得“熟读唐诗三百首，不会作诗也会吟”的说法是多么牵强。

43 科研道路诗解

科研在外行人看来，略施小技耳。一些科学家登中央电视台《开讲啦》大雅之堂，光环炫目，满座生辉。科研之路引人入胜，但崎岖多歧，途中磨难如唐僧西天取经所遭逢，非亲自经历而不可省。

余试将科研途中人的境遇和心情以古诗解读之，或可使旁观者了解研者之苦心孤诣，而身体力行者读后可聊解疲惫。

探索者如赴深山老林采药人，求成果心切，期收野药寻幽路，实际上经常是茫然不知如何选题，如醉里欲寻骑马路那样，误入了朱栏行偏花间路，行到桑荫蔽日交垂路。换一研究课题吧，却又上了霜风吹帽荒村路。待到科研方向明确，终于走在日淡风斜江上路，前有绿草垂杨引征路，欣赏着山石榴花红夹路。然好景不长，在落日寒流林下路处，误入前村着屐犹通路，趟着新水乱浸青草路，攀上半崖萦栈游秦路，徘徊在仙客云霞迷旧路。正不知所措时，遇到一老科学家指点说，此步障影迷金谷路，又名云岛采药常失路也。汝今可随着蝶飞芳草花香路前进，蓬山此去无多路矣。谢过老者，沿着采药僧归云外路前行不久，又迷失方向，眼前山重水复疑无路了。此地荷叶丛深难问路，只好踏上虚烟寂历归村路，转入楚山重叠当归路，凄凄惨惨，想着寻芳每踏苍苔路，花深忘却来时路。正为难间，逢一樵夫，承他隔湖遥指兰亭路后，拖沓局行在吟爱好风归越路上，举目四望，那杨花正与人争路呢！

余做过统计，诗句中谈到“路”的，数陆游写得最多。这也许是因为他的身世坎坷，遭受挫折打击多，一生遭遇多歧路的缘故吧。

44

科研幻影诗解

老子曰："道之为物，惟恍惟惚。惚兮恍兮，其中有象；恍兮惚兮，其中有物；窈兮冥兮，其中有精；其精甚真，其中有信。"物理研究过程就是从惟恍惟惚，窈兮冥兮，最后求到真的过程。科研题目有真假，科研结论有虚实，科研思想有的引人入胜，有的只是幻影。

夫行非为影也，而影随之。对于科研幻影余有深刻体会，尤其是找题寻题时会误入"太虚"之境，故以古人之诗句形容之。

刚踏进研究生门槛，听了多个学术报告，有那么多的课题令人眼花缭乱也，如明月满地看梅影。见一个师兄正在垂帘幽阁探月影，便问他在研究什么。踌躇满志，他答道正在月中看竹写秋影，在研的文章或是为前人之成果短烛初添蕙幌影，或能为新篁抽笋添夏影！然余见他神态恍惚，明明他的想法只是庭前树瘦霜来影，或粉蝶团飞花转影，充其量是阶前碎月铺花影，怎够得上是珍珠帘外梧桐影呢？

师兄好高骛远的前车之鉴，余不能再蹈，更不可寒泉百尺空看影，还是赴流水小池垂钓影吧，但一水澄清鱼迟影，小犬隔花空吠影，徒劳也。坐久庭柯移午影后，只在浮萍破处见山影，云散池边弄塔影。初次写论文受挫，余好比日斜江上孤帆影，凉月一天孤雁影，渴望着能见飞梁横跨丹虹影。但何处去找灵感呢？还是一榻枕泉眠烛影，睡眠中说不定那五更落月移树影，映月疏梅入帘影，余梦中得灵感矣！当然，对于梦中灵感，余还需判断它是叶落转枝翻鹊影，还是云阴更杂梧桐影？抑或是芦花映月迷清影？

为判断正确，在鸟啼绿树穿花影下，余边散步边思考，所谓步远量思绪。恰逢晓日静涵金碧影，日脚穿云射洲影，风回砚沼摇山影，隔墙送过秋千影，余见影思物，悟虚为实，茅塞顿开也。

嗟乎，科研之门不是对所有人敞开，所谓“空门无框遁入难”矣。

45

天籁之声中的无声

物理学家是聆听自然脉搏的声学家，尤其爱听天籁之声（自然界中弥散的沁人心脾的声音，这类声音比任何一个作曲家的乐曲都来得自然）。它们能启迪和激发文学家的灵感和情愫而写出千古绝唱，如北宋欧阳修的《秋声赋》。

声情并茂的古诗中描写了多种天籁之声。如江日夜滩声，鹤语应松声，芭蕉夜雨声，秋气入蝉声，满池荷叶声，疏雨子规声，水旱小蛙声等。

有的声音是天人合一的，也动听，如枕上听潮声，渴听碾茶声，道路闻诵声，秋夜捣衣声，瀑布杂钟声，荡桨夜溪声，波回促杼声，近床蟋蟀声，都直接与人的动作或状态有关。而我最爱听的是近床蟋蟀声，那絮絮叨叨的虫鸣虽曲抑，但在床前却多情，似乎秋虫在诉说着什么。我自己还回忆年轻时在加拿大访问的一宵滴檐声，它使我千遍数惆怅呢。

十数年前，我请研究生们聚工作餐。席间我问他们，自然界中的何种声音说是有声却无声？众人面面相觑。僵持了一会儿，我举例说："古诗中有苔滑水无声，池流淡无声，松暝露无声，落地花无声，天窗送雪声，这些都是润物细无声。"

学生们语塞，此时真是无声胜有声了。

46
古诗描述的光学现象

古代诗人是写景抒情的高手,他们观察事物细致,其若干诗句中无意识地描述了光学现象。有的诗反映了光的反射,如:深斟杯酒纳山光,贪看积水照筵光,砚池新浴照人光。有的诗句写了光的漫反射,如:小雪踈烟杂瑞光,碧天垂影入清光。有的反映光的折射,如:画栏斜度水萤光,坐看花光照水光。有的则反映光的干涉和衍射,如:花风漾漾吹细光,酒凸觥心泛滟光,影落明湖青黛光,古剑终腾切玉光,近水流萤浮竹光。尤其是“酒凸觥心泛滟光”很明确地讲述了光在液面上的干涉效应,而“古剑终腾切玉光”说明了光在带沁的古剑的边沿发生的衍射效应(光线照射到物体边沿后通过散射继续在空间发射的现象)。

画家李可染是中国山水画的革新者,他能将山头树木的逆光、折光,幽深峡谷中的瀑布光,黑中透亮的溪水光等都表现出来。

在实际情况中,衍射和干涉往往是同时出现的。美国物理学家、诺贝尔物理学奖得主理查德·费恩曼指出:“没有人能够令人满意地定义干涉和衍射的区别。这只是术语用途的问题,其实二者在物理上并没有什么特别的、重要的区别。”

遗憾的是,古代的这些诗人没有深入地去思考这些光学现象背后隐含的规律。要知道,天下之物,莫不有理。“惟于理有未穷,故其知有不尽也。”

47
四时散步，萌生灵感诗解

常有学生问我，如何多发表SCI论文？

我说，"多"的前提是论文质量高，有原创的"源"，高屋建瓴，有普及到多个方面的"势"。论文多，须付出的辛劳多，更重要的是萌生论文的灵感多。那么，怎样才能孕育灵感呢？要知道灵感也分多种，有姗姗来迟的，有突如其来的，有抱着琵琶半遮面来的，有千呼万唤始出来的，对应人在四时的心情。

我曾写过一本书《散步是物理学家的天职》，指出傍晚散步（包括夜间散步）尤其是偕老科学家同行，对思考着的东西欲擒故纵，能孕育灵感。现在用古诗详细地分析四时散步中所见所闻对灵感萌生的作用。

近黄昏出行，出郭青山入眼多，烟外垂杨绿意多。倚树望西边天空，见乱鸦归去夕阳多，杂碎的思绪随着乱鸦飞去不知所踪，脑海得以清空。听风梢藏竹鸟啼多，感乳禽啼处绿荫多，觉石坛风细晚凉多，览胜无如此得多，身轻意懒，心旷神怡，灵感便潜入脑海也。

春天，望窗外青山薄暮多。细雨中出行散步，见树干上一片苔痕，雨来春草一番多，别有一番情趣。仔细看雨后花容淡处多，村舍新添燕亦多，露桃春色过墙多，江鸟塞飞碧草多，移栽杨柳受风多；听洛桥风便水声多，芭蕉叶上雨声多，细雨声沙沙养心，心潮起伏从容，所谓潮落洞庭洲渚多，灵感便滋润心房也。

夏日局行，觉日转舢棱暖艳多，银箭金壶漏水多，醉眼花港绿荫多，南国浮云水上多，花名惯识应吟多，自然就万类昭融灵应多。

秋天出行散步看秋景的重点在于，秋在梧桐疏处多，竹露如倾秋更多，疏篱种菊晚香多，城郭新秋砧杵多，琪树风凉秋渐多，秋静塞烟白鹭多，门巷秋深落叶多，杜陵秋思傍蝉多，蝉鸣唤起灵感也。

冬日里，寒恋重衾觉梦多，鸳鸯应怨夜寒多，外出散步尤为必要。踏雪嗅腊梅香绽细枝多，闻雁引砧声北思多，在风雪桥边得句多，灵感如雪花飘入胸怀矣。

月光下散步，满天清影月明多，庭树空来见月多，驿路蝉身晚更多，远水生凉入夜多，诗兴偏于野寺多，灵感一如青光入脑门也。

如今余“廉颇老矣”，高楼客散杏花多，门前依旧白云多。想起白云深处老僧多，添得新愁别后多。幸好古砚微凹聚墨多，春著闲书睡更多，睡梦中望入吴门路不多矣。

如宋朝杨万里所说：“散步，不是老夫寻诗句，诗句自来寻老夫。”

48
物理学家爱听什么声音?

古人有诗句:“细泉频作雨来声,落月正当山缺处。”这优美含蓄的景色描绘实际上暗示了存在多普勒效应,细泉是运动的流水集合体,按物理之说,运动物体发出的波频有移动,组成一帘清泉的水流发声的频谱就宽,就好听。

在庄子的《齐物论》中把由于风吹而发出的声音称为“地籁”,每种声音都有各自的特点。

多听自然界的各种声音,人会变得耳聪。如白居易的“今夜闻君琵琶语,如听仙乐耳暂明”。每个人爱听的声音各有不同,如清代的金圣叹说当官每日听打退堂鼓,不亦快哉;归家听故乡童妇语声,不亦快哉;而我最喜欢听的一类声音都与水的运动有关,用古人的诗句表达之,如:逆风吹浪打船声,卧听满江柔舻声(一个“柔”字用得贴切),抱琴来宿泻滩声,长松石上听泉声,萧萧石鼎煮茶声,天寒来此听江声,柳愁湿雨听莺声,四檐疏雨滴秋声,雨到菇蒲先有声,高吟诗句答溪声,细泉频作雨来声,寒江近户漫流声,冰泻玉盘千万声,晴雪喷山雷鼓声(雪崩),风出青山送水声,一轩寒濑动秋声。而微流赴吻若有声、花深荡桨不闻声这两种是此时无声胜有声。

其中,白居易的“逆风吹浪打船声”是我的最爱,因为同时可见到无色的浪花内有空气泡,体会色即是空,空即是色的禅意。此诗句的下一句是“眼痛灭灯犹暗坐”,我也深有体会。

至于其他的声音嘛,我喜爱听雨后蛙声(一湖春月万蛙声)与床前蛐蛐声(已有迎秋促织声)。一个似在鸣不平,一个若在抒哀情。

尊敬的读者,你喜欢听什么声音呢?

49
《学有所成》赋

又到了每年授予博士学位的时间了。余之一名博士生有幸通过答辩即将毕业离校了。生要余一个临别赠言。余引唐朝韩愈的一段话赠送:“能者非他,能自树立而不因循者是也。”生半知半解,问余能详解否?余便用明代进士张鼐的语注释之:“夫能自树者,寄淡于浓,处繁似静,如污泥红莲,不相染而相为用。”并对生言道:“君历三年而终于学有所成,用古诗句好有如下几比:春风初长羽毛成,溪上柴门树架成,琴心三叠道初成,看得蜘蛛结网成,细枝衔得欲巢成,值得高飞燕雀贺新成。”生面有喜色。

余想起三年前生刚来时,对科研没有体会,不知如何找题目做论文,手足无措,古木楼台画不成。日愁夜虑,落得个明月满窗眠不成,冰簟银床梦不成。余劝生道,岂不闻,丹叶满街霜染成,佳句多于枕上成,无数新诗咳唾成,生须加强物理基本功练习,才能百花过尽绿荫成。

生即着眼于基础理论知识的训练,全神贯注,轻燕穿帘折势成,一年中成就了一篇SCI论文。春风得意之际,生自认已出师,到了半砚冷云吟来成、牛尽耕田蚕也成的境界了,便一度懈怠,以至于芳草迎船缘未成,第二篇SCI论文久久未能写出,急火攻心,秋气侵帷梦不成。

历经几番磨炼后,生终于能喜动眉间练句成,几篇新诗入秋成。

余祝愿生毕业后在新岗位上继续研究,庾信文章老更成,信手拈得俱天成,也有新诗对月成。

50
古诗中体现的振动和波

古人写诗，擅长将耳目对风物、影像之感尽溢于诗表，有声情并茂之效。以古诗中兼含声和影为例：

残灯淡窗影，急雨失溪声。

密树月笼影，疏篱水隔声。

古柳无多影，新蝉第一声。

池烟明鹤影，林雨断蝉声。

长桥深漾影，远橹下摇声。

残照回峰影，微风引磬声。

垂帘幽阁团云影，储火茶炉作雨声。

市户残灯临水影，渔村短笛隔云声。

风乱竹枝垂地影，霜干桐叶落阶声。

映月疏梅入帘影，读书稚子隔窗声。

仙掌月明孤影过，长门灯暗数声来。

泉声落坐石，花气上行衣。

在这些诗句中，我最喜欢唐朝诗人张祜的“长桥深漾影，远橹下摇声”，它不但描绘了江南水乡的宁静却又生机盎然的风光，而且隐含了物理知识：“漾”是指水面微微动荡，指远处行舟摇橹传来的水波荡漾，长桥影随之被弄皱，却仍深深地“扎”在水中。所以，这两句诗既明着讲到了声波，又暗喻了水波，指出了水面波并不带着桥影远播，只使它上下(晃动)振动——漾。所以我认为在中学物理教科书的振动和波这一章中，应该把这两句诗写入，既讲物理，又使学生欣赏文学。

我偶尔也读过古诗中对波的叠加的描述，如唐代杜牧写的“鸟去鸟来山色里，人歌人哭水声中。”人的歌声波、哭声波与流水声波的合成永远是自然界的天籁之声，其动听不亚于琴瑟和鸣声。

马衡先生篆刻：泉声落坐石

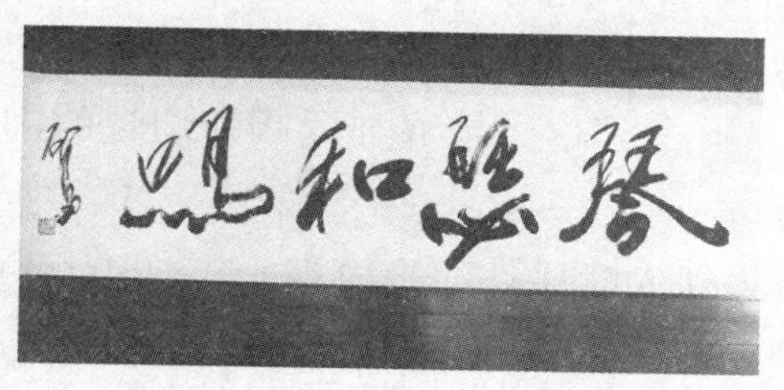

画家谢申（艺名：砚父）绘画技艺渗透书法表现，笔墨飘逸浑然天成

长桥深漾影（与赵州桥齐名的弘济桥）

51
古诗中的时空穿越

现代人几乎每人都用手机显示时间,对时间的流逝很清楚。其中物理学家是最关心时间的群体,对于一个物理学家来说,时刻仅仅是时钟所能准确丈量的东西。时间的迁移为《水浒传》的作者施耐庵所注意,他特意引入一个叫时迁的人物,是梁山第一百零七条好汉。时迁的绰号是鼓上蚤,其轻功堪称一流,之所以称他为鼓上蚤,是因为跳蚤所跳的高度是其身长的几百倍,跳跃的加速度也很大。但古代文人对于时间先后的感觉似乎不像现代人那么明确,他们在触景生情时往往表达了恍恍惚惚的时间观。如南宋状元张孝祥过洞庭湖所吟:“……万象为宾客。扣舷独笑,不知今夕何夕。”这种境界与爱因斯坦说的“时间是一个错觉”相似乃尔。

古诗中所表现的时序往往是模糊的,而更为可贵的是所叙事件跨越时空,了无痕迹,读了给人以自由驰骋在广袤天地中的感觉,这正是古诗的魅力。如唐代王湾写的“海日生残夜,江春入旧年”就有模糊的时序:当夜还未消退之时,红日已从海上升起;当旧年尚未逝去,江上已呈露春意。他从对空间事物的视觉品味着时序的浑然,不知所踪,于是接着吟出了“乡书何处达?归雁洛阳边”。又如“秋草独寻人去后,寒林空见日斜时”,诗中要表达的时空给我的感觉也是混沌的,说不清道不明,给人以孤苦的追忆或想象的悬念。

类似的诗句有:

朦胧闲梦初成后,宛转柔声入破时。(梦之成与破的时序)

湖上残棋人散后,岳阳微雨鸟归时。(人散和鸟归的时序)

橘花满地人亡后,菇叶连天雁过时。(人亡和雁过的时序)

空亭绿草闲行处，细雨黄花独对时。（闲行和独对的时序）

以上诗中两个事件的时序不分明。还有时序更朦胧的，如：

甲子不知风御日，朝昏惟见雨来时。

晨鸡未暇鸣山底，早日先来照屋东。

四时最好是三月，一去不回是少年。

一株一影寒山里，野水野花清露时。

而空间分离不明显的对联有：

闭门推出窗前月，投石冲开水中天。

那么古人为什么能写出如此令今人想去揣摩的诗句呢？如王安石所说："酒醒灯前犹是客，梦回江北已经年。"他们已经和自然界融为一体了。对于他们，过去、如今和将来仅仅是一种幻觉。

52

散步行吟

在科研道路上行进，累了，有时看书或读文献，也只是信手翻翻而已，这好比是在书苑中散步。前两年我写过一本书《散步是物理学家的天职》，指出散步能孕育灵感。散步就是漫不经心地缓行，东张西望地溜达。然而走的方向和目标有时还是有选择的，一路上喜欢看到什么也有朦胧的希求，有时候，如东晋王子敬云："从山阴道上行，山川自相映发，使人应接不暇。"下面我用古诗句细细道来自己散步的感受。

春天，喜好沿着河岸散步：过桥人似鉴中行，扁舟缥缈雾里行；端详水清河面小鱼行，鱼吹落絮荡漾行，几只凤蝶绕船行，但花深不见画船行；又听橹声呕轧知船行，体会一篙烟水载春行。如遇大雨，见：河涨樯疑天际行，帆饱舟轻尽日行，层涛拥沫缀虾行，潮落平沙蟹横行，流水声中望月行。进入树林或竹林散步：春日寻芳树底行，笋舆春陝鹤随行；进村观俗辨风行，见柴门密掩断人行，只好人向青山缺处行；逢草地，细草茸茸衬屐行；过田埂，见稻陇泥深一犊行，僻野水汪路断行。

夏天：林下散衣赤膊行，有伞不撑细雨行；赤日炎炎下，别就墙荫取路行，方塘水镜驱鸭行，仰望云卧恣天行，断云优哉疏复行，满月和风宜夜行，欣赏星闪天阔月徐行，晓随残月迤逦行。

秋天：微醺吟酣信马行，路入乱山何处行，登山临水咏诗行，山禽应喜我闲行，落叶漫山碍履行，梦绕淮山树里行，千仞涧石冒险行，峰回路转眩晕行；欲访寺庙，登楼阁道踏空行，老僧相引入云行，槲叶作衣云外行。

冬天：雪糊危栈蹇驴行，雪白玉当花下行，寒阶踏叶静中行，草桥霜滑有人行，板桥人迹混霜行。

咦！万象虚灵，色不厌空。

闻禅析理

53 从慧能的“仁心在动”谈起

禅宗六祖慧能从五祖弘忍处得到衣钵后，来到了广州法性寺。某日，他听到甲、乙两人在寺前的旗幡旁争论。甲认为：“这是幡在动。”乙则坚持：“这是风在动。”慧能则指出：“不是风动，不是幡动，是仁心在动。”

我第一次看到这段小故事，觉得慧能的说法高深莫测，我辈悟性不够，不可思议之。再看有后人注解曰：“你们这些修道人啊，还没有抓住问题的根本。心生万物，是心在动。心不动，则根本就没有风，也没有杂七杂八的名词相。”

也有专家理解慧能的意思其实是这样的：风也动了，幡也动了，心也动了。风不吹，幡不动；幡动，有风。若离风与幡，则人心怎么知道有动了这个现象；若离风与心，则感知不到现象，谁能够说幡动了；若离幡与心，感知不到现象，但风真的存在，可是风吹向谁家，谁能够知道。这是用风、幡和心来比喻。心指的是本性。这正如佛家说空，很多人误解为一切虚幻都是空的，没有的，不存在的。

也有人举一反三，认为风、幡的确都在动，如果我们的心不受其影响，动犹如未动。引申开去，就是泰然处之顺逆，不迎，不拒，不相随。

对于这些注解我似懂非懂，莫衷一是。

于是，我想到了伽利略早年研究运动的相对性，坐在匀速开动的车上，可以说是车在动；眼睛盯着窗外看景色也可以认为是景色在逆向运动。把车厢用布蒙得严严实实，伽利略的心在动，想出了惯性系和运动的惯性定律。可见，慧能说的“心在动”确实有智慧，见识高。

先前，我在写《物理感觉启蒙读本》一书时，突然想起风动还是幡动的争论来,隐隐约约感到这是一个可与物理感觉衔接的故事。慧能的说法实际上是把人对物理现象的印象上升到了心之感觉,而动心了。我记得爱因斯坦曾回忆他的一个灵感的产生:“我坐在玻恩专利局的办公室里(1907年),忽然想到了一个问题:‘如果一个人自由降落,他不会感觉到自身的重量?’我一惊,这个简单的想法给我留下了深刻的印象。它促使我走向引力理论。这是我一生中最绝妙的想法。”爱因斯坦对一个人自由下落的现象动了心,心之官则思,产生了这个好想法,加以发挥,用加速度代替了引力,从而发现了等效原理。

物理史上,多普勒听到远去的火车鸣笛声频率的变化,计研心筭而提出了多普勒效应。而有的人看到钱则财迷心窍,高衙内见到林冲妻子怦然心动而垂涎三尺,进而动了杀林冲的心。各种人的心动真是有天壤之别啊。

如今,“心动”这两个字已经被广泛用在“凤求凰”中,那个《非诚勿扰》的电视节目中“心动女生”已经成为口头禅,这是唐朝的慧能禅师想不到的吧。

作者在六祖慧能出家处(湖北黄梅五祖寺)留影

54 几则禅宗公案

禅提倡顿悟,研究物理需要灵感。这两者有相似性吗?

这里将野狐禅与爱因斯坦对量子力学的看法做一比较。

爱翁说上帝不掷骰子,表示他不信量子力学的概率假设,他坚执因果律。在中国禅宗公案中,有野狐禅。一个和尚因为不信有因果而突变为一只狐。人变狐没有因果性。五百年后,一个高僧对人形化成的野狐说,不能摆脱因果律,于是狐立刻又变回了人。其实因为不满足因果律而造成人变为狐这件事本身是满足因果关系的。所以爱因斯坦大可不必为量子力学的概率假设担心,这是我学禅学结合物理思考的一点体会。

最近,我练习写了几则禅宗公案,目的是想把物理和研习物理之人用小故事的方式表达出来,既带些幽默,又有点隐藏,仿佛禅机不可泄的样子。

归宗纠缠

归宗纠缠禅师(?—789),江陵人,俗姓李。拜谒南岳隐峰法师(705—763)。

法师云:“什么处来?”

归宗云:“从纠缠处来。”

法师云:“什么物凭么来?”

归宗云:“隐峰善隐,愿闻其理。”

法师云:“说似一物即不中。”

归宗云:“尚可修正否?”

法师云:“修正即不无,耗散即不得。缠在汝心,不须速说。”

归宗纠缠禅师大悟,磕头而去。

廓然相干

廓然相干禅师(836—904),泰州人,俗姓吴。云游路遇岭南大颠法师(780—874)稽首。

法师云:“还没请教尊称?”

廓然云:“廓然相干。”

法师云:“有什么相干?”

廓然云:“与相干者相干。”

法师云:“见了我,欲将我扩充相干之?”

廓然云:“断不敢。”

法师云:“相干我有什么不惬意?”

廓然禅师以头撞击小树三下,对大颠法师云:“吾宗见汝,大颠拆相。”遂掩面而去。

智圆行方

智圆行方禅师(760—826),豫章人,俗姓许。与云游者岭南人渐行不远(802—?)相识。一日,智圆行方禅师与渐行不远经过薛地,见有养猫室。不远拍门良久,未听有反应,遂喊:“生邪?死邪?”

行方云:“生也不道,死也不道。”

不远云:“为何不道?”

行方云:“不道,不道。”

回至中路,不远云:“和尚快道,若不道,找打。”

行方云:“打即任打,道即不道。”

不远大悟,立拜行方禅师为师,后得其心印,大振禅风。

略语加修

略语加修禅师(760—836),河南通许人,师从大师马祖道二。一日,马祖道二问其对人生见解如何?

略语加修云:“太史公语,人固有一死,或轻于鸿毛,或重于泰山。诚如是也。”

马祖道二问:“孰缓,孰急?”

略语加修云:“缓着来,不急死。”

马祖道二击了他一掌,又问:“孰缓,孰急?”

略语加修大悟,云:“轻重缓急,轻重缓急。”

林森不测禅师和破例不容禅师

林森不测禅师(706—781),湖南长沙人,俗姓武,自幼学习戒律,长通经纶。一日,有小沙弥来报,说是破例不容禅师来叩谒。破例不容禅师(707—779),湖北咸宁人,通天文地理,学者就之者众。

请进来坐定后,林森不测云:“从何处来?”

破例不容云:“从说不准处来。”

林森不测云:“岂有不知来处的。”

破例不容云:“因有人创测不准原理。”

林森不测于是请破例不容入一石室,内有蜗牛数只和一群萤火虫,云:“请闭左眼看蜗牛。”

破例不容如是做。

林森不测又云:“请闭右眼看一只萤虫飞。”

破例不容仍如是做。

林森不测道:“同时开眼看刚才看的。”

破例不容感到头昏眼花,拜服在地,道:“我今不知我在何处了。”

智门不续禅师

智门不续禅师(689—761),江西南昌人,俗姓浦,中年出家,深谙宇宙机理。显示万象绵延无绝,却断断续续。

一日外出,遇见师弟智门养光(浙江鄞县人)。师兄弟见礼后:

不续问:“贤弟近来养禅悟得否?”

养光答:“有悟,自然界行为果然断断续续,师兄好见识。”

不续云:“说不得如此。”

养光云:“说说不得,却有说不得。弟有一偈赠兄:‘竟然能量不连续,玄机理趣谁参透。何如情感量子化,省却连绵相思愁。’”

言毕,拱手而去。

薄意问象

居易禅师,唐天宝年间人,少时就能诗,曾以相面为业。后皈依佛门,在嵩山出家。一日,小沙弥来报,说有法门寺薄意和尚来访。请进来坐定上茶后:

禅师问:“汝名薄意,寿山石雕中有技法,谓薄意雕刻,此乃表面功夫,如何识得你真面目?”

和尚道:“吾闻大师善相面,故不远万里来拜谒,还请不吝指教。”

禅师道:“月点波心一颗珠。”

薄意和尚大悟,叩拜而去。后募捐,设立两象寺,四方来参拜者众。

薛理醉酒

薛理，晚唐河南开封人，好写诗，尤其在酒后作诗一挥而就，颇有声名。一日，坐家中，有仆人来报，说有一云游僧来化斋。请进来见是一约莫50岁的僧人，器宇不凡。问起姓名，法号玄清。坐下进茶寒暄后：

薛理曰："吾师参禅多年，举清抑浊，想必体内正气畅行，意态自如。"

玄清曰："吾处不清不浊态。"

薛理不解，曰："昔楚国三吕大夫屈原答渔父，举世混浊，唯我独清。非浊即清，何来不清不浊态。"

玄清曰："闻说你好饮酒，饮酒中你是处于醉醒叠加态，如同清浊叠加态。"

薛理曰："愿闻其详。"

玄清曰："当你喝了半斤老白干后，你是醉了还是清醒着？"

薛理想自己的酒量也就是半斤，一时不知如何回答。

玄清曰："可以一方法测定你的状态。我写一张借据，说你欠我十两银子，让你签字画押。你若签了，便是醉了，因为我未曾给过你银子；如你不签，便是苏醒着。这两种结果在测定前都有可能，所以说你处在醉醒叠加态上。"玄清又补充说："当然了，我的借据上欠款数不能写太多，譬如不能写一万两，否则你会吓一跳，酒醒了些，而破坏了你的状态。"

薛理大悟，曰："师傅原来是来点化我的，我将此理作为家训传给后代。"

后来，薛家果有"死猫活猫说"问世。

和光同尘

同尘禅师，丹阳人，俗姓江(769—811)。拜谒南阳和光法师(763—824)，落座后：

和光法师云："为么来？"

同尘云："老子说过：'和其光，同其尘，是谓玄同。'我等虽非道教门下，但儒、道、佛有共通之处。小僧法号同尘，师兄法号和光，吾等今日相见，岂非天意，特来作合。是谓和光同尘。"

和光法师起身走到窗户旁，用手指捅开窗纸一个洞，只见一缕阳光射入，形成一个光柱。和光对同尘云："你爬到这光柱上去。"

同尘云："师兄玩笑了，我若爬上去，你却把小洞堵上，光柱立灭，我岂不是要掉下来。"

和光云："和光化锋芒毕露之焰，同尘睦凡尘世情之俗，我等各司其职吧。"

同尘云："师兄大缪也，此光柱能为吾等见，岂非光受尘之散射吗？"

和光顿悟，用指在自己光头上弹三下，拜同尘三拜。

55
《空门无框》和《无门关》

前几年读禅的故事时，有感于科研的入门难，尤其是理论物理的研究方向不好把握，曾写下《空门无框》这样一个偈以自警。只有爱因斯坦才能在无框的空门内辟空夺响，提出广义相对论，开创了宇宙学研究。他自己也认为："关于狭义相对论，如果不是我提出，别的人迟早也会提出，因为洛伦兹变换已经有了。但是，广义相对论却是很难想到的。"所以，连狄拉克那么一枝独秀、孤芳自赏的人对于广义相对论也顶礼膜拜。狄拉克唯一一次流泪也为爱因斯坦离世。

我写下《空门无框》后，有好佛学欲遁入空门者，看到此偈颇有悟，乃将它写成书法作品送我。一日我去书店随便翻翻，见到梁实秋的一篇回忆胡适的文章，提到有一个《无门关》的偈曾被胡适注意到，胡适虽然研究过禅的历史和发展，但并不将禅的奥义奉为圣明。《无门关》和《空门无框》相比较，哪一个更"玄"呢？我带着好奇，在网上查到《禅宗无门关总颂》，是宋朝高僧兼诗人释慧开(1183—1260，也叫无门慧开)所作，诗曰：

大道无门，千差有路。
透得此关，干坤独步。

我在未读此诗前，以为《无门关》是无门可关之意，等到读过，才觉得我的理解并不是作者的本意。大概是此关的名字是无门，如同山海关的名字是山海，镇南关的名字是镇南。武术中无招胜有招，故而无门胜有门。

窃以为将《无门关》理解为无门可关之意也不是不可以。家里穷得叮当响，门也当到当铺了，小偷就不来光顾了。《无门关》或可解释为海纳百川，大量大气。

不过,禅宗是不立文字的,我在这里这样解释也许是出丑了。

我参悟的本领小,所以请教诸公:《空门无框》和《无门关》有关联吗?有异同吗?哪个更有禅意呢?哪个能描写在科研的入门处的落寞与徘徊呢?想到有个哲人曾说,在科研的入门处就好比在地狱的入口处,不免寒噤。故作诗一首:

读《无门关》

科研欲破无门关,寻探次第入港湾。
白眉迎合崎岖皱,文字怎嵌物性禅。
下课才记茶已凉,上心唯有诗中眼。
常与好事擦肩过,论文投出刊无缘。

慧开禅师还作过诗:

春有百花秋有月,夏有凉风冬有雪。
若无闲事挂心头,便是人间好时节。

而我们学物理的喜欢在闲中探物理真谛,求物理真知,不也是在创造人间好时节吗?

56 《僧问客来迟，向佛本初心》解

清明节那天，雨后初静。我和林权、展德会等去寻访在武夷山脉中的弥陀寺，山路崎岖泥泞，沿途茶林遍野，崎岖行走一小时才见到隐于深山中的这个小寺庙。写小诗一首以纪念此行。

深山觅古寺，幽壑遍茶林。
苔滑山梯狭，崖凹石床冥。
泫然水暗泣，悄息洞生云。
僧问客来迟，向佛本初心。

有读者对我说最喜欢最后两句。问之，答曰："这两句有大器晚成之意。"其实，这两句是我在构思了前六句后不假思索地一挥而就的，如此幽静的地方自然生了禅心，倒是当中四句颇费了一些心思。想想这是为什么呢？大概是"忘声而后能言"的道理吧！"僧问客来迟，向佛本初心"是我的感情的自然流露，早就应该学禅了，可是因为舍不得科研，到如今满头白发时才来体会僧人超脱凡尘的心境。

"僧问客来迟，向佛本初心"也可以指慧能和尚在得了五祖弘仁的衣钵后隐姓埋名15年才崭露头角，彰显了一个"迟"字。仁者见仁、智者见智，一首好诗值得后人琢磨，对其的见识远远多于当时作诗的本意。在物理上也是如此，在1900年普朗克提出量子论20多年后，量子力学的语言——狄拉克的符号法——创立了，但狄拉克没有想到对ket-bra组成的符号积分，更没有料到结果是如此优美。倒是我这个并不太聪明的人，早在读初中时就有为中国人在科研上争光的初心，在符号法创立半个世纪后想到去做这件事，耗时数年做研究并取得了成功。所谓"初心易得，始终难守"也。

再回头想想,去寻访弥陀寺前,我问展德会这个寺庙是否雄伟,是否历史悠久,回答是否定的。但因为它隐藏在深山密林中,我还是决定去拜谒,这就像科研中的求索精神。

扇面题诗(中国科学技术大学周俊兰书法)

57
读《秋声赋》兼谈“应无所住，而生其心”

《金刚经》中有“应无所住，而生其心”，这也是五祖弘忍指点其弟子慧能的一句话。我在拜谒湖北黄梅五祖庙（慧能出家处）时对此加深了印象。这八个字，通常解释为：不应住色、声、香、味、触、法而生心，这里的“心”与英文mind相近，指人的意识活动。人的意识活动容易被色、声、香、味、触、法影响，这些外在的“相”会使人的心住于其境之上，从而遮蔽本来清净的自性（本心）。

我对此说不太懂，欧阳修的《秋声赋》不就是“闻有声自西南来者，悚然而听之”有感而发才写就的吗？如果他充耳不闻，并生其心，我们能见到这位贤人对自然界的这曲千古绝唱吗？况且，欧阳修指出“人为动物，惟物之灵；百忧感其心，万事劳其形”，又怎能做到“应无所住，而生其心”呢？

诚然，欧阳修在文章的结尾还是自我慰借地写道：“奈何以非金石之质，欲与草木而争荣？念谁为之戕贼，亦何恨乎秋声！”无奈之下，表达了一丝“应无所住”的意思。但就其整个思维活动来说，他的“住”是因为“思其力之所不及，忧其智之所不能”呀。

《秋声赋》中有一个配角，即欧阳修的书童。当欧阳修问：“此何声也？汝出视之。”童子曰：“星月皎洁，明河在天，四无人声，声在树间。”对于欧阳修的感慨“童子莫对，垂头而睡”，他真是做到了“应无所住，而生其心”。

我们研究物理的，会时时处处留心周围发生的物理现象并思考，做不到“应无所住，而生其心”，时常是“宜其渥然丹者为槁木，黟然黑者为星星。”诸君看老夫的头发不是早早地白了吗？

58
有物理禅意的一段相声

有物理思想的东西偶尔也含有禅意。相声大师侯宝林有个名段《醉酒》,听来令人捧腹。我听了笑后觉得此段相声不但具有科学幻想(人顺着光柱往上爬),而且深含禅意,且与德布罗意的波粒二象性有关,尽管说相声的人自己没有注意到。我参照自己以前编的禅宗公案(见本书)将它改写为另一个禅宗公案(《和光同尘》),自娱自乐。下面摘录该相声的最后几句对话,供读者参其禅意,如有愿意将其写成公案的请指教,因为每人体会不同,悟性有高低,写的也会千差万别。

…… ……

甲:“没喝醉!”“没喝醉,你来这个。”

乙:“什么东西啊?”

甲:“从兜里头啊,把手电筒掏出来啦!”

乙:“手电棒。”

甲:把手电筒往桌子上一搁。

乙:“干嘛呀?”

甲:一按电门,出来一个光柱。

乙:“哎,那光出来啦。”

甲:“你看这个,你顺着我这柱子爬上去。”

乙:“那柱子啊?”

甲:“你爬!”

乙:“那个怎么爬啊?”

甲:“那个也不含糊啊。”

乙:“哦?”

甲:“行!这算得了什么啊,爬这柱子啊?你甭来这套。”

乙:“嗯?”

甲:“我懂,我爬上去?”

乙:“啊?”

甲:“我爬那半道儿,你一关电门,我掉下来呀?”

其实,学过电动力学和狭义相对论者,知道人爬光柱是不可能的。所以愈发觉得此段相声的可乐。

琐事启迪

59
运书散落记

2015年的初冬，因办公室拆迁我须将几书架的文献和论文草稿从东区搬到北区。池州学院的吴卫锋前来帮忙，我们找了一辆破三轮车，把原先搁于书架上的几十捆文献堆在车上，装得满满的，还高出了车框半米左右，我想离北区也不远，凑合着走吧，就出发了。

车无闸，一侧轮胎(内外胎)已裂开，另一侧轮胎也无气，车身不在一个平面上。吴卫锋在前面拉着车把，我在后面推着，并随时扶正因车颠簸而要下滑的文献。出了东区西大门，趁绿灯急穿马路，谁知恰走在中间要津时，几叠文献终于掉下来，绳子原先没有捆紧，加之有风，飘散了一地，我前后来回地小跑追逐着随风飘移的纸片，手忙脚乱地捡拾，也顾不得两边的汽车都在虎视眈眈地胁迫，可没等把散纸全部捡回，南北方向的绿灯亮了，几十辆汽车按着刺耳的喇叭从我身边呼啸驶过，我干脆不看汽车就像站在悬崖边不敢往下看一样。如此狼狈难堪却又似乎从容于车流中的场景可惜没有人把它拍下来。

过了马路，去北区的一路上车载的文献又掉散了几次，捡起来装上再整理，足足花了一小时才挨到了目的地(吴卫锋记了时)，不但累得满头大汗，而且心有余悸。

明末清初文学家、我的鄞县老乡周荣曾写过一篇短文《小港渡者》，记载着他带一小书童傍晚赶路的亲身经历。他问一位小港渡者是否来得及在城门关闭前到达。在打量了书的装束情况后，这位不知名的摆渡人警告他：“徐行之尚开也，速进则阖。”果不其然，周荣的书童因急匆匆赶路而摔跤，“束断书崩”，误了入城。噫，我以前早就读过此文，知道“躁急自败”，可为什么这次还会重蹈覆辙呢？这是凑合、侥幸之心在作怪啊。

我是一个常存侥幸心的人吗？非也，在科研上我常常如履薄冰，小心谨慎地推演任何一个猜想，一点不敢轻慢，即使对于已经被接受发表的论文，在清样时，对于一些要紧的地方，我还认真检验，唯恐出错。可是在生活上，我却是得过且过的。所以这次的运书散落是我得过且过和侥幸心态并发的结果啊。

由此又想到我常把记录下来的只语片纸随手乱放，以为物质不灭，终能找到，但事实是它们往往消失于无形。这不也是中了“心存侥幸”的邪吗?!

60
写书偶感

写科教方面的书有两种题材，一种是编写，即把已有的材料重新组织以后加上自己的体会和理解；另一种几乎全是作者自己的科研教学心得。我的科研著作属于后一种，有诗为证：

从来著书费时光，奈何人老镜影恍。
学子懵懂百回教，师尊自学一世忙。
应学鲁班斧斤工，休问关公刀称量。
写书应从厚敛薄，段落无处不自创。

一个人发表的论文越多，积累的素材能自成系列，则其可写的书越丰。大文豪老舍曾说："一个作家，他箱子里存的做成的或还没有做成的衣服越多，他的本事就越大。他可以把人物打扮成红袄绿裤，也可改扮成黑袄白裤。他的箱子里越阔，他就越游刃有余。箱子里贫乏，他就捉襟见肘。"

一个好的作家，嬉笑怒骂皆可以成文章；一个好的小提琴家在演奏时，断弦一根照样拉下去。意大利有个小提琴家尼科罗·帕格尼尼有一次在舞台上表演时，突然，小提琴的第二弦（A弦）断了，帕格尼尼没有中断演奏，而是尽情发挥，听众报以热烈的掌声并要求他加演节目。帕格尼尼一时痛快，干脆从口袋里拿出一把小刀，把琴的第三弦和第一弦都割断，只靠第四弦（G弦）用"人工泛音"绝技演奏，全场观众欢声雷动，激动不已。后来，他据此创作了一首《G弦上的咏叹调》，成为世界名曲。同样，一个水平高的科学家就一个专题他也可以展开话题写成书。

写专著不只是将已发表的系列论文连成章回，也是一个整理思想、简化步骤的工作。我在写书过程中，常有新问题出现，便思索新方法。往往是一部专著写完，附带着有几篇论文投稿。

迄今,我已经在量子物理领域写了20部专著,于是作诗一首为自己庆贺:

脱颖经典奇量子,波粒两象理兼诗。
邂逅纠缠终难解,无奈爱翁肯离世。
卅载忘我辟蹊径,落笔有缘添新知。
著书不愁无人赏,但开先河不为师。

61
打伪科学假者戒

老子的《道德经》第十八章说："智慧出，有大伪。"于是，有人坚持在科技界打击"伪""假"，既辛苦又辛辣。余窃以为打假者自身也有挨板子的理由。有以下两个笑话为证：

其一，古代有两个人发生了激烈的争论，一个人说四七二十七，另一个人就纠正他，说四七二十八。说四七二十七的人不服，坚持说四七二十七；另一个人坚决纠正他，一定要他承认四七二十八。两个人争执不下，官司打到县令那里，要弄个明白。县令听罢，就做出判决：对坚持说四七二十七的人无罪释放，对坚持说四七二十八的人打屁股几十大板。事后有人觉得这样的判决没有道理，坚持四七二十八的人太冤了，便问县令，县令答道："那人糊涂到四七二十七的程度了，可是这个人还要和他没完没了地争论不休，和糊涂人争论就是更糊涂，不打他打谁？"(取自《读书》杂志，张中行写)

其二，古时候有两个人激烈争论，一个说《水浒传》上的好汉黑旋风名叫李达，另一个说那好汉叫李逵，两人打赌二十钱。官司打到一个权威那里，权威判定：那好汉就是叫李达，说李逵者输了二十钱给人家。事后"李逵"派不服，找权威评理，权威答："你不过损失了二十钱，而那小子呢，我们害了他一辈子！他从此认定那好汉就是李达，还不是出一辈子丑吗？"(取自某书)

所以，打假者起码有二戒：

(1) 不应在无需揭露便知其假的问题上与造假者争论。季羡林先生曾说："真理越辩越糊涂。"

(2) 切莫指出"李达"派的错误，对夜郎自大者或有低级错误的论文要默认或随声附和。

例如，梁山好汉中排序八十二的地魔星云里金刚宋万、八十三的地妖星摸着天杜迁，尽管上山落草早，他们自诩的绰号也与“云”“天”有关，但因武艺不高强，功劳不大，只能列入地煞星之中，与天罡星无缘。但对于其绰号，人们还是默认或附和的。

62 替胡适先生叫屈

我书架中有一本书是《传奇数学家华罗庚——纪念华罗庚100周年诞辰》，我视之为珍宝，常取下翻阅以励志。书的末尾有一篇香港记者梁羽生纪念华罗庚的文章，其中一段说到华罗庚“看出胡适的逻辑错误”，原文是这样写的：

华罗庚只看了胡适在《尝试集》前面的“序诗”，就掩卷不看了。序诗如下：

尝试成功自古无，放翁此言未必是。
我今为之转一语，自古成功在尝试。

他(指华罗庚)的读后心得说：“这首诗中的两个‘尝试’，概念是根本不同的，第一个‘尝试’是只试一次的‘尝试’，第二个‘尝试’则是经过无数次的‘尝试’了。胡适对‘尝试’的概念尚且混淆，他的《尝试集》还值得我读吗？”

当时他只是一个十三岁多一点的孩子，就看得出胡适的逻辑错误，可见他有缜密的“科学头脑”。

我的忘年交吴泽看了这段叙述后说：“胡适先生并没说错吧。尝试成功是一种侥幸的成功——试一下就成功了，所以胡适先生不赞同这种成功，故曰‘自古无’：自古大成就没有人能仅仅试一下就能取得。然后引出了下一句的成功在于不断地尝试。”

我看了梁羽生的这段话，也替胡适先生叫屈，将此诗第一句中的“尝试成功”四个字连在一起作为一个主语来理解，就没有什么逻辑错误了，这也许是胡适先生的本意。自古没有“尝试成功”那样抽象的事，尝试都是具体的，有尝试开飞机的，有尝试写作的，也有尝试包饺子、做生煎的等，但没有尝试“成功”本身的。如此看来，诗中第一个“尝试”也可以指多次。这就像郑板桥的“难得糊涂”，可以理解为糊涂是难得的，也可将“难得糊涂”这四个字连在一起用，如“难得糊涂”的境界不易达到。胡适的诗将第一句重排顺序变成第四句，既强调了成功在于尝试，也赋予这首诗以戏谑。

我以上这些看法，绝无不尊重华罗庚先生之意，只是觉得梁羽生不该拿它来说明缜密的“科学头脑”，如此而已。

63
从信件看费恩曼的物理联想力和人品

量子力学的基本出发点是一个粒子的坐标q和动量p不可以同时精确地被测量，即是说，坐标算符与动量算符不可交换。所以要重视发展有序算符理论，这是我揣摩如何发展量子理论的起点，也是多年来研究的内容之一。我想象自己是个外星人，有特异功能，掌握着一个一下子将不可交换的算符随心所欲地排序的法宝，后来我发明了有序算符内的积分技术，导出来了不少有效排序的公式。

2017年新春，我在办公室办公，想起正值鸡年，于是写了一首小诗：

时光易沾思绪流，一年劳作除夕休。

因闻鸡叫感时迫，未敢久滞用餐楼。

接着在整理书架时，我看到一本书中刊出的大物理学家费恩曼给一个数学家的信，其中有关于有序算子的一段议论：

我发现有序算子是一件很好玩的事情（时间就是一种非常特殊的有序参数）。我从一开始，就知道它们的用途很多，可以和随机算子分庭抗礼。我花了很多时间，尝试解决随机搅拌涂料的混合率问题，或是解答外地核的电子随地球自转的电流效应产生的地球磁场，当然也包括道理相通的紊流问题。但是都还没有令自己满意的进展，因此我没有在这几方面发表任何论文。不过我知道，有序算子总有一天会变得非常重要。

很高兴数学家也跑进来玩了，相信你也觉得这个东西很好玩。根据你的引述，它似乎具备了所有会迷惑数学家的条件，它“和原罪亲密接触，令数学家头痛”。

看到这段话，我很庆幸自己选择的科研方向没有误入歧路，也惭愧自己没能像费恩曼那样联想到那么多与有序算子相关的物理问题。聊以自慰的是我在20世纪80年代曾写了一篇漂亮的论文,把求纯态平均的费恩曼定理扩展为求系综平均的情况。

费恩曼曾不止一次地写信给美国科学院院长,要求解除他的院士头衔,信中说:"我想放弃国家科学院院士的身份。我没有时间,也没有兴趣参加贵院的活动。"在费恩曼看来,院士做的事情就是评判别人能不能当院士,这给费恩曼以自吹自擂的感觉。

费恩曼当然不是在作秀,我们都知道他是一个坦诚、磊落的科学家,学生们都爱戴他。但是我在几年前读到费恩曼拒绝有自吹自擂的感觉沾身这件事时,有点不太理解,难道他不是处于"一览众山小"的态势吗?以他的物理贡献和天赋难道不能评判别人能不能当院士吗?又有谁会说费恩曼是徒有虚名呢?

直到最近,我读了爱因斯坦的《培养独立工作和独立思考的人》这篇文章,才恍然大悟。

爱因斯坦在文中说:"要求得到表扬和赞许的愿望,本来是一种健康的动机;但是如果要求别人承认自己比同学、伙伴们更高明、更强有力或更有才智,那就容易产生极端自私的心理状态,而这对个人和社会都有害。因此,学校和教师必须注意防止为了引导学生努力工作而使用那种会造成个人好胜心的简单化的方法。"

原来,费恩曼是为了对极端自私的心理状态防微杜渐,才要辞去国家科学院院士的身份。他真是一位有和谐人格的科学家。这符合爱因斯坦指出的:"第一流人物对于时代和历史进程的意义,在其道德品质方面也许比单纯的才智成就还要大。"

所以,在向大科学家学习专业知识和科学方法时,我也要注意学他们的高尚人格。

64

在捐赠上海市大同大学附属中学毕业证书仪式上的讲话*

尊敬的五四中学沈嵘校长，各位学长、校友：

今天我回到阔别了56年的母校，会晤了几位老同学，故地重游，见到风物依旧、气象一新，既感慨又高兴。感慨的是我的几位任课老师（如班主任杨昭华、语文老师梅莉君）都已作古，不禁唏嘘吟诗："母校回看似故乡，学府虽深也是家。同窗再聚欢喜时，不见昔师泪腮挂。"

在五四中学的初中时代是我生涯中最天真烂漫、学养充实的三年。我的体会，"人之初"是指从人懂事起到初中毕业的时间段，而"初中"是：(1) 人格确立之初；(2) 格物学理之初；(3) 观察、了解社会之初。中国有个成语叫"危杆喻正"，它暗示我们做人就像在太阳下竖杆，在初中时就要把立的杆扎正了。

从1912年到2017年，五四中学有较为悠久的历史，我这次捐赠的、颁发于1949年的上海市大同大学附属中学申琦裳女士的毕业证书就是这段历史的见证。毕业证书上刊的几个印章清晰地见证了校长曾是物理学家胡刚复和教育家顾谷嘉，见证了学校作为私立学校为上海市人民政府教育局认可的事实和民国印花税票折合为人民币的事实。尤其是上海市大同大学附属中学的钢印甚是精致，反映了办学人的认真和严肃。

我有幸帮助这张毕业证书摆脱了身陷地摊、饱受灰尘的困境，使它的主人魂归故里，她的证书为母校做了别人无法替代的贡献，现在她可以含笑九泉了。

谢谢诸位。

范洪义

---

* 上海市大同大学附属中学为五四中学的前身。

与初中同学王守成、林佳舫、陈浩敏等合影

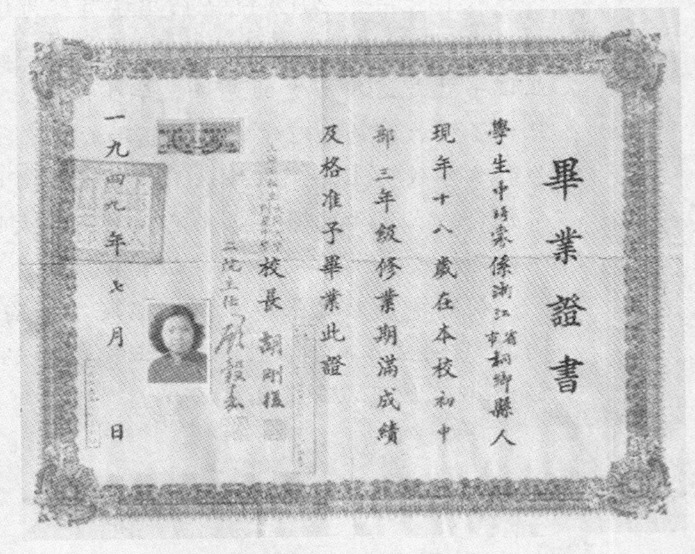

畢業證書

學生申琦裳係浙江省桐鄉縣人
現年十八歲在本校初中
部三年級修業期滿成績
及格准予畢業此證

校長 胡剛復
二院主任

一九四九年七月 日

申琦裳女士毕业证书

65
人性与物性

常言道“天人合一”。有人将其注解为人与自然的相互和谐，即把“天”字解释为自然，人类的生生不息应与自然相互和谐。人对事物的理解越深，就越趋向天人合一的境界。

我以为“天人合一”可理解为人性与物性的和谐。“物性”是物理学范畴的，为“物理性质”的简称。

人性应适应物性。例如，唐太宗李世民了解水的物性，认为“水能载舟，亦能覆舟”，他把百姓比作水，把君主比作船，水既能让船安稳地航行，也能将船推翻吞没，沉于水中，所以他施仁政，有贞观之治。

古人也把水、冰、汽（虹霓）三态的性质赋予人的秉性，如用“水性杨花”形容见异思迁、行为不端的女子，用“玉洁冰清”描写坚贞自爱的女子，用“冰冻三尺非一日之寒”描写成功的人在于有恒心，用“气吞虹霓”形容人的气魄宏大。

又例如，看到水位高，势能大，飞流直下，就将人分为两类，有甘愿随波逐流的，也有敢浪遏飞舟的。看到水有浮力，就拿“心浮气盛”来形容人性情浮躁、态度傲慢。看到竹子的生长，就想到“笋拔高节探虚无”的探索精神（拿竹来比喻人性的诗词很多，如“扎根可墙隅，入室贫不嫌。家徒四壁处，亦有晾衣竿”）。

物性也能感动人性，古人曰：“霜露既降，君子履之，必有凄怆之心，非其寒之谓也。春，雨露既濡，君子履之，必有怵惕之心，如将见之。”

又如，见到闪电，听到雷声，恶人怕被雷击，就想从善。见到太阳照亮群山，人就拿“阳煦山立”自喻，追求性格温和，品高行端。见月有阴晴圆缺，就拿来泛指生活中经历的各种境遇和由此产生的各种心态。

诗人杜甫写诗擅长于把物性用一个“自”字人性化。如“花柳自无私”“故园花自发”“风月自清夜”“虚阁自松声”。此举影响到后来的李商隐,也有“秋池不自冷”和“清楼自管弦”句。

爱因斯坦说:“我深知物质的力量,所以我深爱物理学。但是在研究物理学的过程中我越来越觉得,在物质的尽头,屹立的是精神。”

总之,人性是物性的绽放,人从小五官受物触动则心有所感,自然而然而不知其所以然也。如此说来,顺其自然的人,体物而缘情,应该是人性高尚者吧。

66
元旦诗和中秋诗

三个元旦夜写的诗

我没有正式学过诗的格律，又是南方人，咬音不准，实际上不会写严格意义上的诗。只是觉得练习写诗可以训练脑智。

今天把从2016年的元旦到2018年的元旦写的东西，放在一起，本想自娱自乐，然将它们做一比较，才觉得诗中自然流露出人老志短，力不从心了。

2016年元旦夜

日历又掀一年首，时光腼腆肯倒流。
今晚无月照小窗，因是人离余空楼。
寂静易促智者愁，涌思推出脑海舟。
通宵达旦不眠夜，正是写作好时候。

2017年元旦辞岁

新年伊始谁划谋，银河无主星自流。
辞岁墙垣吊讣告，迎新网络争销售。
有景旖旎栓意马，无奈思绪追自由。
冬萧风冽身易衰，夕阳墟里有人愁。

2018年元旦作

春去秋来霜打头，年历翻尽空淹留。
家有亲属隔天外，庭无积雪滋绿畴。
交友勤在笔墨间，用心不为养身谋。
窗前寒枝风摇曳，权为来年演抖擞。

中秋诗

月亮的引力对海水的潮汐有影响，人体中的含水量也有百分之七八十，所以月满时对人的心潮也有细微的作用（生物潮汐）。故而在中秋节，人容易激动，由此我写了三首诗，内含月亮的物理知识。

其一

万影皆由月色起，更有故事溯月因。
不是月光皎洁夜，焉有萧何追韩信。
月有圆缺本自然，人得祸福非预定。
汉家江山三百年，月照帅才出淮阴。

其二

天教地球不孤单，月光依赖太阳源。
夜幕落下思古人，三更行路盼月满。
心善应做月下老，习惯好似潮汐演。
可怜月面气不聚，伶仃嫦娥总觉寒。

其三

日间云薄风柔轻，中秋皓月当空明。
怎奈万家灯火杂，混淆月色与灯影。
孤身最爱月夜照，婵娟应共长寿命。
忆想幼时母膝下，期盼嫦娥抛月饼。

67 谈爱因斯坦拒绝被心理师分析

1927年,德国一位声称自己也是心理学家的政府官员写信问候在柏林的爱因斯坦,问他是否愿意做他心理分析的对象。这个官员想写一本以分析重要人物的心理为内容的书,他选中了爱因斯坦。

爱因斯坦的回答是:“很遗憾,我不能接受您的邀请,因为我宁可处在未被心理分析的黑暗之中。”

我很能理解为什么爱因斯坦会断然拒绝这份“好意”。因为心理学试图用大脑的思维运作来解释个体的具体的或习惯性的行为,也讨论心理活动对个体心智的反作用,并尝试解释个体心理机能在社会中的角色。爱因斯坦的人生很明确,他很执着,心理很健康,也许比那位官员还健康呢。他用得着别人来揣摩他吗? 再则,科学研究需要潜心思考,孤独的思考需要静谧幽深的环境,显然不需要心理师来节外生枝地“帮忙”。

物理学家在与自然打交道试图了解其规律时,从心理学来说,是一种自我调整,与画画差不多,研究物理就是为自然现象画一幅有趣的写意画,这能够排泄积压的情绪、梳理胸中的纠结。诚然,物理学家中也有极个别的自杀者,如埃伦费斯特。爱因斯坦指出其死因是:“悲剧性的内心冲突……几乎是病态的缺乏自信,他的批判才能超过他的建设能力……”后来,我读了一本某个老外回忆埃伦费斯特的书,才知道埃伦费斯特的生活道路很曲折、艰辛,使得他长期处于被压抑的状态。

记得我在山西五台山庙宇游览时,有位穿戴似僧人模样的人招呼我,要给我算命。算命,在某种很狭隘的意义下,我认为就是心理窥探。所以我对他说:“我的命薄,是‘劳碌命’,就是辛苦干活的命,不劳你算了。”

如今不少研究生写不出毕业论文,心里有阴影,找心理师咨询求助。其实,最好的摆脱阴影的方法就是干具体的事情(研究生就是要调整方向、方法,不断用功)。我的母亲毛婉珍遇到磨难,她就拿一块抹布擦家具的方方面面、屋里的犄角旮旯,擦了一整天。我向她老人家学习,逢到不快意时,就忙碌起来,写物理论文。还有一个防止心理阴影袭击与扩散的办法是难得糊涂。我有一个朋友靠自学成为一名心理师,原本与我心照不宣的,如今这位老兄爱琢磨人了,所以我也无法坦率地与之交往。这恐怕也是爱因斯坦见了心理师就退避三舍的原因吧。

68
谈诺贝尔奖牌的分量

有一次在饭局上闲谈，我问共餐的同行："得物理诺贝尔奖的人物中，哪一位奖牌的'含金量'最高？"这里所谓的含金量是指这块奖牌所对应的物理贡献。

各抒己见后，我发表了自己的看法，是德国科学家普朗克。

普朗克于1900年12月14日在德国物理学会上报告发现能量量子化，宣告量子论诞生，于1918年荣获诺贝尔物理学奖。他并没有沾沾自喜，为了验证量子学说的正确性，又研究了15年，这才放心。

普朗克有很多精辟的、独到的话语令我肃然起敬。如他说(大意)：一个新的物理理论被接受，不是因为人们慢慢理解了它，而是反对者渐渐逝去了。可见，当时反对量子学说的人不少，有些还是物理权威呢。他还说过这样的话：科学上有很多令人眩晕的目标，吸引人们去投资，耗时费心，但没有人及时觉察到或是指出这是伪科学课题，以至于不少为此奋斗的科研人员被吞噬了。关于学科的分类，他又说：科学本身是内在的整体，它被分解为一些单独的门类，不取决于事物的本质，而取决于人类认识能力的局限性。这些话都是值得我们仔细咀嚼的。

就人性品德而言，普朗克也是铮铮铁骨，他的儿子因反希特勒要被枪毙，普朗克并没有向希特勒求情。

所以我最敬仰的物理学家是普朗克。

69
游武夷山诗几首

我的好友卢道明和展德会，见我用脑辛苦，邀我去武夷山讲学并松弛脑力，我在那逗留期间，写了几首诗。

上武夷山

山城无处不茶香，云态有意惑游人。
涉水有漩卵石鲜，呼吸无主胸臆深。
坐禅默想游鱼乐，诵诗朗笑应溪声。
有供斋饭寺僧忙，无名清泉暗渡村。

游大王峰道观

才羡清波荡竹排，便上翠山访道观。
道人相似似相识，把茶话啥啥投缘。
孔子曾求老子教，杜甫好称李白仙。
道中参理谁接引，相由心生师自然。

游龙湖

阳春三月碧空尽，唯存白云山巅行。
溪水无意奏眠曲，清客有心听梵音。
水中游鱼谙昏晓，岸边卵石隔阴阳。
身在红尘绝断地，总是犹如在梦境。

无题

心念深山竹，风雨也自由。
敲树鸟啄木，咽声蝉知秋。
无暇叹流年，有意漾扁舟。

溺溺微风过，寄语问岁友。

（附注：我常常念想深山的竹林，在风雨淅沥中自由地摇曳。我也常幻听山里啄木鸟不间歇的叩树声，而蝉在秋天将来之际知趣地压低了鸣。有忙有息，我哪里有时间去感叹流年，还是荡开扁舟潇洒去吧。水面吹过的溺溺微风，请带上我对竹的问候。）

急雨吟

骤雨击瓦响，庭院注成镜。

檐漏蛛网湿，叶展蜗牛隐。

日长思无果，天霖滋道心。

晾衫未及收，更垂破衣襟。

70
游丹江口赋诗

清代彭端淑说："凡游大山大水，必先其胸中有高出此山水，然后下笔气豪。若无此一段胸襟，终不能出色。"

2018年8月初，我随丹江口市人尚兵、王彤彤夫妇去了一趟丹江口。在烈日下游了两天，写了几首诗，如彭端淑说的那样，终不能出色。倒是在看到水库大坝和群山浴水时构思了几个水力学问题，以后可以讲给学生听。我的组诗，不揣浅薄，记于下：

丹江口登临"碧水连天"高地

其一

一望群山水漫坡，接天密地唯渔簑。

遥想当年关云长，水淹七军漕漕波。

其二

漾漾溶溶水连天，千峰入浴聚峦烟。

时人不晓库水忙，奔流到京演江南。

其三

天空水阔山作丘，江汉迴泓谁驻流。

洪泄浪花白似玉，不乘潮头未甘休。

其四

向日悟空意迟缓，水蘸天光境入禅。

游人不避夏炎晒，一样高台望淡烟。

其五

一筑水坝浪无穷，旧城依稀有遗踪。
可怜古人春秋事，都付浩渺急流中。
我来江畔眺水逝，应叹行舟无常风。
多少英雄柔情泪，也为库水添汹汹。

其六

英雄仗剑走城乡，行至丹江添迷茫。
急流扼坝变温顺，侠骨无奈转柔肠。

古人云：“诗家写有景之景不难，所难者写无景之景。”又云：“诗贵寄意，有言在此而意在彼者。”从我的这组诗中能看出无景之景或寄意他处吗？

趣说杂事

71
“江山如画”还是“画如江山”：谈物理学家写意自然

分明是浩瀚而美不胜收的大自然，画家偏偏要将它比喻为画，所谓“江山如画”，然后设法将三维的活生生的场景投射到二维的纸张上，即将它画下来，装裱起来，贴在墙上。如清代文人李渔所写：“已观山上画，更看画中山。”这是画家通过写自然之性来表达自我之心的历程。山水经过画家的笔墨明亮了起来。李渔用的“更”字意味无穷。

古代名画家用“散点透视法”或“积累远近法”作画，不受时空的限制，其笔下的山水变幻莫测，气韵生动，静中有动，实里透虚，风骨清奇又雄伟古厚。完成了从接近山水到美于山水的飞跃，将自然界的无限风光尽收眼底。能到达这种境界的画家几百年才出一个。近现代伟大的山水画家黄宾虹认为一个好的画家的成长过程有四个阶段：(1) 登山临水；(2) 坐望苦不足，相看两不厌，师法自然；(3) 山水我所有，画家要心占天地；(4) 三思而后行(这三思是指：画前构思，笔笔有思，边画边思)。此论值得物理学家借鉴。

物理学家是描绘自然界的写意画家，先从实验悟理论，再由理论预计实验。黄宾虹所言的三思，物理学家都有体验。不但如此，物理学家还有更高层次的写意自然，那就是思想实验。在这方面运用自如的有爱因斯坦。没有他的思想实验，就没有广义相对论、引力波。

然则，明明是先有江山后有画，为什么不说“画如江山”而说“江山如画”呢？难道江山只有在人们的心目中有了感觉才是江山吗？

“江山如画”说，表达了画家遗貌取神、发挥主观能动性和抒发审美心理之境界。是对所画之物的宏观把握，摆脱现实时空观念的限制和自然属性的制约，使有限的画面空间获得表现的自由。具体说来，就是画家将五岳之状、四海之阔皆纳入胸中，尽收眼底，使万象从无序到有序依其精神游于物外，是一种高于现实山水的境界。

那么，对于物理学家，究竟是“自然入理”还是“理入自然”呢？

还望有识之士指点迷津。

72
与何锐杂谈《三国演义》一则故事

有一次我与何锐通信讨论，我问："都是按照兵法所云'置之死地而后生'，为什么韩信成功，而马谡失败？这个似乎已经枯寂的题目，也许意绪不穷，醒人心目呢！"

何锐："综合网上查到的内容，我有以下一点想法：

所谓置之死地而后生，要看针对什么人而言，据《史记》可知，这场战役打完了人家问韩信为什么这么打，韩信说了两点：第一，他是借鉴了古代兵书置死地而后生的思想，背水结营，只是大家没有活学活用罢了；第二，大家在他手下都是新兵，他没有时间训练大家，只能这样激发大家求生的本能誓死抗敌。兵法上最重要的是占取先机，然后才是天时地利人和，如不占取先机，即便有天时地利人和也不管用。所谓占取先机，我想胜者应首先有一定的综合判断能力而不同于计算能力，综合判断能力类似于围棋上的布局，这是战略，而计算能力则可类比于围棋上的算子，这只是战术问题。如何占取先机，是兵家在心理和智慧上的较量，而不仅仅靠聪明刁巧。占取先机最重要的一点是得其势而不是得其力，这个势和力的关系可类比于物理学上的势和力，势是全局性的，而力是局部的。心理上的优势是最大的先机，可令对方胆怯，进而牵制对方。当然光靠心理优势也是不行的，毕竟有策略的优劣和力量的强弱。大军事家在战役中能置身于战事之外，犹如一位冷静的局外人排兵布阵，在战争没有开始之前就有几分胜算。我想韩信就是这样的一种人，他之所以能违背兵家常识作战，是因为他能够将地理上的不利（没有地利）转化为士兵们的求生欲望，这就是最大的人和，是将死形化为活形；而马谡死套兵法，没有充分调动人的活力，没有鼓动士气，自以为巧妙，实际上是将活形整成了死形,真是最大的愚蠢。”

我的观点:韩信是背水结阵,士兵退回水中便淹死,而马谡的兵冲不开逃路是可以暂时退回山上的,不是真正的死地。

何锐:“您的观点有奇见,我的观点太泛了。”

73
相面与量子力学相算符

对于物理学家来说，看一个研究生将来能否出成果，须从其独处的状态来观察。独处时，他静下心来，旁观者就容易看到其处于自我状态下的素质。看相时，相年轻人不易，年轻人气盛面嫩而无沧桑之感，从那年轻的面容里，也许能看出些是否聪明的蛛丝马迹，但仅是浮光掠影；相年老者容易，爱因斯坦和普朗克因长年思考积淀下来的老年面相，一看就知道是聪明睿智的“刀刻之痕”。

相面是指从身材、相貌、气色等判断个人信息与命运的学科，它与《周易》相关。古人对相面颇津津乐道，例如北宋的大学问家欧阳修说：“少时有僧相我：‘耳白于面，名满天下；唇不着齿，无事得谤’，其言颇验。”这事被苏东坡听说后，半信半疑，评论道：“耳白于面是大家都见了的，至于唇不着齿，我没见过，也不敢去问欧阳修。”在我想来，这是欧阳修说着玩的。古人的头发长，耳朵常被遮盖，见阳光少，耳白于面是很自然的，不应作数。

面相也或多或少地反映一个人的个性，尤其是眉毛。“眉者，媚也。为两目之翠盖，一面之仪表，是谓目之英华，主贤愚之辨也。”清代的曾国藩有《冰鉴》一书专门讨论相面的经验。

在清代，面相甚至决定了科举考生的命运。清代有这样的制度，对于会试落榜的举人，特设大挑一科（挑知县），不试文章书法，专看相貌。挑选的标准是：“同田贯日，身甲气由。”“同”字代表面孔方长；“田”字代表面孔方短；“贯”字代表头大身子直长；“日”字代表身材适中而端直。符合“同田贯日”的，就有望入选。而被认为身材属于“身甲气由”的，就被淘汰出局。清代桐城派的曾国藩也善相面，选择良将和幕僚常通过相面来决定。

面相与人的职业有些关系，譬如歌手的嘴巴大小超过一般人的平均嘴巴尺寸。但说相面是科学是否科学，尚未有定论。合肥老街区经常有相面人三三两两出没，有一次我旁听一个妇女请一相面先生拿主意她要不要与丈夫离婚？那位先生顾左右而言他，说是你若在3个月后碰到不快的大事就离，碰到喜事就不离，好一个搪塞。所以相面有时也被称作是民间的巧舌如簧术。相面先生是通过如中医那样的望、问、切、诊加上模棱两可、察言观色来与顾客周旋的。有时走在马路上，常有算命先生热情招呼我过去聊聊，我总是说，鄙人命薄，不堪算。有一次去五台山，在庙里被一个穿僧袍的人远远地叫着，说我鼻梁高有状元相，他来详述分解与我听，可我见那和尚凶相，赶紧跑了。如今我就更不敢被相面了，如同薛定谔的猫那样，本来还处在一个不确定的态，而一旦被测量(相面)，也许就塌缩到了一个我忌讳的态上去。所以还是难得糊涂的好。

广义的相面还应该包括听一个人的发声，所谓“如闻其声，如见其人”。一般而言，如某人的声音如狼嚎，则应远避之。明代还有相面先生被蒙上双眼后用摸骨骼的方式来相人的，更有盲人以听人的说话声调来相人是否富贵的。

广义的相面还应该包括观察一个人说话的表情。孔子说：“巧言令色，鲜矣仁。”意思是说：花言巧语，一副讨好人的脸色，这样的人是很少有仁德的。

更加广义的相面应该包括相背与走路的姿态(包括挥臂的动作)，若是一个熟人，远见其背影或其走相，也可以判断那个人是谁，因为一个人的背影和走相也是那个人的表象之一。朱自清先生曾专门以《背影》为题写了一文怀念他的父亲。

以我的愚见，若想将相面沾上些科学的成分，应该用回归分析方法，即先搜集上万个人(包括名人、隐士等各色人)的相貌特征及其命运的资料，分析他们的命运和身体特征的相关关系，作出相应的散点图，再建立非线性回归方程。在此基础上，用随机梯度下降(stochastic gradiant decent)方法求解。但是，这是个多元问题，又是非线性的，求其解是很困难的。

在物理学中，相是十分重要的物理量，波动的干涉、衍射都取决于相的叠加。姑且将相面对应量子力学的相算符，测量相用外差拍仪器装置。在量子力学早期，狄拉克就引入相算符，它的定义是粒子的产生(或湮灭)算符除去振幅的部分，这与一个复数做极分解类似，复数是其模和相因子的乘积。但是狄拉克引入的相算符不是幺正的，而量子力学理论要求可观测量(相角)必须对应厄密算符，所以我曾用纠缠态表象引进新的幺正相算符及厄密的相角，并取得成功。经过与量子力学的相算符相比较，我的看法是:人的印象=气质×外相。

人的气质相当于波的振幅，但气质也会影响外相。虽说"人禀天地之气，有今古之殊，而淳漓因之；有贵贱之分，而厚薄定焉"，可是若一个人常做善事，则会改变相貌(对应于相移)，不少历史故事都有如此说。所以我相信:人通过学习反省能改善气质，从而能改善面相。

74
一对一的教授方式趣谈

明代顾公燮曾写过一则趣闻。万历年间苏州人俞琬纶(字君宜)幼年丧父,才学写文章时,他母亲为之遍访名师。听说有个名士某某,学问好,就想请来做家教。名士看了俞琬纶的作文,认为孺子可教,就问俞母家境如何。俞母如实作答。名士说:“我很能吃,按你的家产,可供我两年半饭钱,不过,两年半中你的孩子也学有所成了。”于是成交。

名士为师不要束修,但求果腹,如猪腹中肝肠肚脏等物,只供得点心一餐。两年半期满,俞家计亦索。名士对俞琬纶说:“承蒙你家母厚意,何以为报呢?”即命题“何以报德”让俞琬纶作,写出后竟成传作。俞琬纶旋即登科第,考中进士。这位很能吃肝肠肚脏等物的老师真是奇人啊。

读了这篇文章,觉得这位母亲真是有眼光,能识人,钱能花在刀刃上,值得如今那些不想让孩子输在起跑线上的母亲仿效。

俞琬纶有真才实学吗?然也。而且在母亲和老师教诲下,颇有傲骨。他曾写道:“家大人尝谓小子曰:‘吾为文,宁唇颊烂,不袭唾涎;为官,宁面皮烂,不受眉眼;为乡宦,宁姓名烂,不入官衙。’”而且他爱写调皮文章,如“冰如炉火,有消而已,必不变而为火。此寒德也。”大概也是受他这位爱搞笑的恩师的影响吧。

我又想,倘若俞琬纶家产更多些,是否那位名士就多待几年,慢慢教,混日子呢。古代的名士坦诚清高,我想不会。

再想到理论物理的教授方式最好是一对一的,我就很想找一家可供果腹的,两年半内将一个不笨的物理本科生培养为博士。

因为我以前带过的研究生,多有提前完成论文毕业的,也不乏别的指导教授的学生多年未能毕业而求助于我的,但我带出他们并没有提过果腹的要求,现在真想仿效那位名士每天能满足于得点心一餐。

75
致友人

××同学,你好:

明代有一个知书识礼相夫教子的妇女,名叫郑淑云,她曾给儿子去信,内中写道:“阅儿信,谓一身备有三穷:用世颇殷乃穷于遇;待人颇恕乃穷于交;反身颇严乃穷于行。昔司马子长云:‘虞卿非穷愁不能著书以自见于后世。’是穷也未尝无益于人,吾儿当以是自勉也。”

窃以为此“三穷”是对孟子的“穷则独善其身”中的“穷”的一种注解,可见穷不只是指物质方面没钱,精神方面空虚也是穷。

如今不少家长担心孩子输在起跑线上,花不少钱请家教,让孩子上各种辅导班,可是效果如何呢?水浒里讲的史进在未遇到王进前,拜了好几个师傅却武功平平,真所谓“用世颇殷乃穷于遇”。当然了,如果你的孩子能遇到高手或大师从小点拨,“用世颇殷”还是值得的。

唐白居易有诗句:“书不求甚解,琴聊以自娱……昏昏复默默,非智亦非愚。”对于急于为孩子开发智力的人是个忠告。

回顾自己大半生,成长过程中没有遇到过贵人(穷于遇),当了博士生指导老师待学生颇恕乃穷于交(不少得益于我的学生从来不曾在毕业后见访,即便在同一学校)。譬如春节期间无人来访,“窗外雪爪鸟数只,楼内用功我一人”,可以静静地独立思考。是穷也未尝无益于人。

读此信,好像是为我写的,对你也合适,因为你有严父慈母教诲,所以抄录给你一阅。

76 近代中国的自然科学为什么落后

爱因斯坦在1916年悼念去世不久的奥地利物理学家恩斯特·马赫时写道:“从马赫的思想发展来看,他是一位勤奋的、有着多方面兴趣的自然科学家,而不是一位把自然科学选作他的思辨对象的哲学家。对于他来说,人们普遍不注意的、焦点之外的细节问题是他的研究对象。他研究那些东西时感到愉快。例如,他研究子弹以超声速运动时其周围的空气密度的变化。”

与如此强烈地喜爱观察和理解事物的马赫相反,中国古代的聪明人虽然也有“穷理”之说,在与事物的接触中探求其理,但是当他们看到事物是无穷的,就感叹“其为力也劳,为功也少”,就转向尽性之路,即顺着人的本性去应付事物及其变化了。

一个很典型的例子是明代正德年间状元舒芬向王阳明考问律吕学术。王阳明不正面回答,反问他音乐的元声。舒芬回答:“元声制度记载颇为详细,但是没有刻意设置密室进行实验。”王说:“元声岂得之管灰黍石间哉?心得养则气自和,元气所由出也……”舒芬顿悟,即拜王阳明为师。

明清时期的人知道此事的,都夸奖王阳明求丝竹管弦不在外物,而在内心,在于良知。可是王阳明的致良知的内心活动,与伽利略通过做实验思考物理是截然不同的。王阳明的心学没有对中国的科学进步做出什么贡献。

将爱因斯坦评价马赫和舒芬拜师王阳明比较,使我进一步思考中国近代的自然科学为什么落后,除了封建体制,似乎还有别的什么。

77
谈《慕贤》

1986年，我在加拿大多伦多大学访问，美国教授Klauder(相干态理论奠基者)闻讯后立即从新泽西州飞来我的办公室拜访我。我当时很惊讶他这位国际数学物理协会的副主席会来造访我这个刚从中国过来北美洲进行学术交流的年轻人。谈起来访的动机，Klauder说："我写的*Coherent States*(《相干态》)一书引用了您的文章，所以想当面认识您，以决定我是否请您来美国进行学术合作。"这件事验证了我国南北朝文学家颜之推在《慕贤》一文中所写的："世人多蔽，贵耳贱目，重遥轻近。少长周旋，如有贤哲，每相狎侮，不加礼敬；他乡异县，微借风声，延颈企踵，甚于饥渴。"

1999年，我和妻子翁海光去了意大利的德里雅斯特(Trieste)，德国物理学家温舍(Wünsche)得知后，立刻从柏林飞来拜访我，交谈后，他写了一篇很长的综述性文章，意在向同行推荐介绍我的工作(称为范氏方法)，希望为大家注意和应用。这又验证了颜之推所写的："所值名贤，未尝不心醉魂迷向慕之也。"

从这两位科学家不远千里前来拜访我，使我想起孔子的"有朋自远方来，不亦说乎"。朋以学来，无间于远矣。夫朋岂肯为不时习者来耶?(我若是不用功，他们会来看我吗?)。有以来之何远之有，且学者亦何患离群而索居(我即便在加拿大也不觉孤单)。两位科学家的行为也使我想到了他们选择朋友的标准，正如孔子所说的那样："无友不如己者。"而且他们也是"平生不解藏人善，到处逢人说项斯"的践行者。我受他们的感染，对人也是"但优于我，便足贵之"。推许赞叹，不避寒暑。如我常对人说陈俊华是奇才，并专门写文章于《理论物理学研随笔》中出版。可叹有的单位不聘用他。

比“慕贤”更甚的是见贤思齐，贤贵乎齐，一见之而即思焉。有好几个外国研究生看了我的论文后，写信给我要当我的研究生，有向上之志，这便是一种见贤思齐吧。

回过头来说颜之推，原来他不但是教育家，有《颜氏家训》流传于世，还是一位人才识别家呢。

78

冬游肥东浮槎山

临春节前，朋友张春早请了他的老同学做向导，驱车陪我游览了肥东浮槎山。上到山顶，我见有的地方积雪未化，很是难逢，就捧了一把在口里咽下，清凉爽口，认为此即山泉也。转念一想，不甚准确，因为山泉应该渗有岩石（矿物质）的组分，哪怕是雨雪水流过石缝嘀嗒呢。向导说，此山上真有甘泉，北宋欧阳修还来过此地呢。我纳闷，欧公怎会到此地一游呢？向导解释，宋嘉祐三年（1058）欧阳修曾在滁州当官，而这里离滁州不远，就来此游览。向导然后领路去看山上的清浊二泉。路边的标牌上写道浊泉是指像乳汁一样喷流的泉水。可是来到泉边，见两泉相距咫尺，一样透彻见底，很难区分水乳。再仔细观察，水位也一样高。是不是经过一千多年的演化，两泉相互渗透而清浊不分了呢？这样想着，留了个影，就下了山。

回到家，打开网页看欧阳修写的那篇《浮槎山水记》，才知他写此文的目的是为了表彰送泉水给他喝的李侯（庐州镇东军留后李端愿），让世人知道这浮槎泉水是李侯最早发现的。文章在表扬了“李侯生长富贵，厌于耳目，又知山水之乐。至于攀缘上下，幽隐穷绝，人所不及者皆能得之，其兼取于物者可谓多矣”后，又感慨道：“凡物不能自见而待人以彰者，有矣；凡物未必可贵而因人以重者，亦有矣。”

我读后，初觉莫名其妙，发现泉水这件事有那么重要，值得当官的欧阳修来讴歌吗？然仔细想来，才明白，因为山居者都珍惜水，尤其是好的泉水隐藏在小山偏僻凹野中难以得到。发现泉水就如同如今找到一个矿区，是造福一方的事。

我于是有同感，科研成果不会自己出现，待到人们探索发现才得以彰显出名，这种情况是有的；有的成果像泉水那样，有幸运和不幸运的，当时不一定被人珍视，却依靠别人和后人的继承、发扬和应用而得以贵重起来，这种情况也是有的。所以科研人员要耐得住寂寞。

作者在清浊二泉处留影

79
刘开的《问说》与冯·诺伊曼的“习惯说”

清代桐城派散文家刘开(1784—1824)是“姚(姚鼐)门”四大弟子之一。2018年,我随桐城人笪诚夫妇专程去桐城市孔城老街看了刘开故居的外围。刘开有《问说》一文享于世,我这里摘录几句:

“君子之学必好问。问与学,相辅而行者也。非学无以致疑,非问无以广识;好学而不勤问,非真能好学者也。理明矣,而或不达于事;识其大矣,而或不知其细,舍问,其奚决焉?”

其大意为:一个有见识的人,他做学问必然喜欢向别人提问请教。“问”和“学”是相辅相成进行的,不“学”就不能提出疑难,不“问”就不能增加知识。喜爱学习却不多问的人,不是真的喜爱学习的人。道理明白了,可是还不能应用于实际,认识了那些大的(原则、纲领、总体),可是还可能不了解那些细节,(对于这些问题)除了问,怎么能解决问题呢?

那么,除了刘开所说的“问与学,相辅而行者也”,有无其他的学习途径呢?

有的,那就是习惯。

让我举例说明。计算机之先驱冯·诺伊曼对数学和物理都精通。有一次,来了一个年轻人向他请教数学问题,冯·诺伊曼给予了解答。但来人说还是不能理解。冯说:“年轻人,在数学里不要去理解事情,而应该去习惯事情。”

其实,岂止是在数学里习惯事情呢,古代私塾里小孩背四书五经时他能理解多少,又有多少小孩会主动提出问题呢?他们也是先习惯书上所说,以后再慢慢正己正人。所以,学习的另一个途径是先习惯先贤所言,因为他们先知先觉,比我们绝大多数人聪明，习惯其所述可以少走弯路啊。

对于量子力学的语言——狄拉克符号，初学者也需先习惯它。至于我后来提出和发明对狄拉克符号的积分方法，那也是先习惯它以后的侥幸所为。

如此看来，问不一定比学还先；习惯知识也不能归于刘开所批评的“且夫不好问者，由心不能虚也；心之不虚，由好学之不诚也”。

80 聊聊物理竞赛和诗词大赛

我的朋友张鹏飞常为参加中学生物理竞赛的人讲课、出题，有关内容都紧扣实在的物理观察或提炼于现今的科研题目。一日，我遇到他说："现有一个出物理竞赛题的新方法，你不妨一试，这是受中华诗词大赛的题目启发而得的。"张鹏飞饶有兴趣问是什么方法，愿闻其详。

我说，如中华诗词比赛题，在一个正方形或长方形的框内画多个小格子，考官在每个格子中各填一个字，根据这些离散的、无序的字让参赛者背一首某个朝代某个人的诗。例如，一个框内，第一行是山、平、日；第二行是客、随、依；第三行是白、楼、尽。选手说出"白日依山尽"就得分，而说"山随平野尽"就答错了。又例如，一个框内，第一行是借、处、夜、家；第二行是淮、问、杏、近；第三行是酒、何、秦、泊。选手说出"夜泊秦淮近酒家"就得分，而答"借问酒家何处有"就失分。以后出物理竞赛题也可仿照，给一个框中的各个小格内填上不同的英文字母或者积分号、微商符号，包括拉普拉斯符号等，然后让学生根据这些提示去组织一个物理公式，并加以阐明此公式是谁提出来的。例如，在一个小格中有 F，其他的两个格子中有 m 和 a，于是聪明伶俐的学生就可以抢答 $F=ma$。啊，这是伟大牛顿创立的定理，恭喜你答对了。

张鹏飞嘿嘿笑了——他一直是这样笑的。

我想起唐朝的刘禹锡、白居易、元缜和韦庄曾在湖北黄石以《西塞山怀古》为题作赋，结果是刘禹锡先作成，白居易等服输。换作如今的比赛，应问应试人："刘禹锡的诗中有一句是'山形依旧枕寒流'，请问全诗是什么呢？"这也是中华诗词比赛题的一类，参赛选手要能背出来，就是诗词精英了。

唉，当时刘禹锡、白居易、元缜和韦庄他们的比赛为什么不采用如今中华诗词大赛津津乐道的方式来比呢，真是昔不如今啊。

想起十年前，我和一批研究生在一个小饭店用工作餐，在等上菜的时候，我从随身带的书包里拿出4锭墨，是徽州胡开文制作的，每锭墨的正面用压模的方式刻有2个字，分别是：刺股、囊萤、映雪、负薪。我要求学生用这4个诗词自己作一首诗。现在看来，这种挑战与现今的诗词比赛内容也不吻合呢！

我又想起明代徐渭为好友叶子肃之诗作序，言：

人有学为鸟言者，其音则鸟也，而性则人也；鸟有学为人言者，其音则人也，而性则鸟也。此可以定人与鸟之衡哉？今之为诗者，何以异于是？不出于己之所自得，而徒窃于人之所尝言，曰某篇是某体，某篇则否；某句似某人，某句则否。此虽极工逼肖，而已不免于鸟之为人言矣。

若吾友子肃之诗，则不然。其情坦以直，故语无晦；其情散以博，故语无拘；其情多喜而少忧，故语虽苦而能遣；其情好高而耻下，故语虽俭而实丰。盖所谓出于己之所自得，而不窃于人之所尝言者也。就其所自得，以论其所自鸣，规其微疵，而约于至纯，此则渭之所献于子肃者也。若曰某篇不似某体，某句不似某人，是乌知子肃者哉！

此论诚可以作为诗词比赛之借鉴也。

81 论大学生逃课

如今大学中常有逃课现象发生，即使是名牌大学也难免，更不要说杜绝了。记得我上大学时，没有人会缺课，连迟到都罕见。那时在北京，大冷的冬天，坐在凉凉的木椅上，哆嗦着脚丫子，也不敢越雷池一步。

而如今，在有些大学，学生逃课现象司空见惯。有的老师除采取点名方式外，还哀求学生来教室听课。点名占了课堂时间，讲授内容就少了。

究其原因，撇去任课老师讲得不好外，学生性狂是主要原因。不听课谓慵而不学，则寡学，多性狂。性狂而自闭，表现为眼高手低，杂学狂乱，无始无终。作业荒废，考试不及格也无所谓。

逃学不听课又谓无学，无学则无格，无前人之格法。有的学生身体来教室坐定，但并不听课(玩手机)，称为谩学，不知其学之理，易入歧途而神志昏乱。以后学什么课都是似懂非懂，看似正襟危坐，实际是伪而劳心。

即便是从经济角度来想，学生也不该逃课，交了学费又不来听讲，爹娘的钱大多打了水漂。

仅有个别学生能无师自通而不来上课，这样的学生科大有之。然则对于上课效果很差的老师，我也不主张逃课，完全可以在课堂上分析那位老师哪里讲得不到位，或是在下面做作业，或是预习以后的课程。

82
说“空”字

在所有的汉字中，“空”这个字是最耐人寻味的。要了解这个字，先看看它的反义字。你也许马上会说是“满”，可是我以为“满”对“亏”，如满月对亏月。

有人说，“空”字的反义字是“实”吧，但我认为“实”应该对“虚”。突然，我想起了唐朝王维的诗句：“空山不见人，但闻人语响。”那么“空”字的反义字是否是“响”呢？

也许有人反驳说：“响”只属于听觉范畴，而“空”广指宇宙一切的“无”，所以“响”不是“空”的反义字。

其实，“空”的反义字还真不好找，因为“空”的意义太玄了。我所理解的“空”是指这世上没有不变的东西。

禅宗里喜欢用“遁入空门，五蕴皆空，色即是空，空即是色”来自律。唐代诗人杜荀鹤曾为一禅师写：

大道本无幻，常情自有魔。
人皆迷著此，师独悟如何。
为岳开窗阔，因虫长草多。
说空空说得，空得到维摩。

哲学家如黑格尔也研究“空”，认为它是一种存在方式，水平高到可以凿空立论。商贾做生意则难免镌空妄实，凿空投隙。说书人则谈空说幻。差等生作文不是满纸空言，就是空洞无物。占小便宜者往往竹篮打水一场空。

物理界学者也常常研究之，如时空、真空、真空破缺，尤其是量子电磁场真空态能量有可观测效应：当两块不带电荷的导体板距离非常接近时，它们之间会有非常微弱但仍可测量的力，这就是真空的卡西米效应。我在量子光学的研究中也构造了若干光场对应的热真空态。

我也曾试图从禅宗的空去理解物理的空,但悟性不够而两手空空,悟“空”有多难! 这才意识到,原来《西游记》中敢叫“悟空”的才能做大师兄,叫“悟能”和“悟净”的只好做师弟。

那么,“空”的反义字到底是什么,我请能人指教。

吴泽说:“集合论里面与空集相反的概念是非空集合,而非空集合并不要求集合是‘满’的,只要存在一个元素在里面就是‘非空’了。所以‘空’的反义字大概是‘存’吧,因为‘存’有‘存在,怀有’的意思。当然任何词都不如‘非空’来得贴切。”

忽然,我想起佛偈,色不异空,空不异色,就是说空和色同义,那么色的反义词是什么呢?

计穷了,我只好放弃去想它,脑中为之一空。

83 “直道荆棘生，斜径红尘起”

若以为一篇另辟蹊径的或有明显创意的论文必能在一个较好的杂志上顺利刊出，那就想错了。这不比一个漂亮的姑娘找婆家出嫁那样，总能嫁出去。

我曾有一送审论文遇到了一个一窍不通的审稿人，他提出的问题与责难明显地表示他连基本的计算都不会，却还大言不惭地说三道四。使我想起“狗恶酒酸”的故事：一个酒店门口的狗太凶了，谁也不敢来喝酒，权当是这家酒店的酒是酸的。所以我只好改投他刊。

有时还能遭遇到这样的审稿人，他提出的问题使人想起列宁说的：“一个傻瓜提出的问题比十个聪明人能回答的还要多。”

我还有一篇论文为两个审稿人通过，却被杂志的主编拒绝发表，原因是冠冕堂皇的，但实际的原因是因为我是中国人，不能让中国人成为一个新领域的“pioneer”。我于是投诉，最后才得以发表。

我还曾经历过这样一件事，原将一篇论文投A刊，被拒，继而投B刊。B刊在审查时，A刊突然改变主意，来信说文章可以发表。于是，我向B刊要求撤回稿件。B刊编辑是个印度人，尔后在网上追根循迹，发现我此文被A刊接受，遂大怒，兴罪于我，说我一稿两投，要禁止我再投其刊5年。我向他解释是被A刊拒绝后才投的B刊，那个印度人不信。后来他自己打电话给A刊编辑，才知道这不是我的责任。正所谓“直道荆棘生，斜径红尘起”。

亲爱的读者，你有过这样的经历吗？

84
“知乎”哀哉

古人教导:“知之为知之,不知为不知,是知也。”我们从小就认为这是培养老老实实地做学问的古训。

可是,自从冒出了量子纠缠这个怪物,这句话就要重新考量了。谁知道量子纠缠是怎莫回事(我不写“怎么回事”,因为“怎莫回事”容易使人想起“莫须有”),也许应用量子纠缠这件事也是莫须有的吧。

大物理学家费恩曼曾很负责任地说:“没有人懂得量子力学,我认为这样说并不冒风险,要是你有可能避开的话,就不要老是问自己‘怎么会是那个样子的呢?’否则你会陷入一个死胡同,还没有一个人能够从那儿逃出。怎么会是那样的呢?没有人知道。”

可如今,全球到处都有量子力学专家解释量子纠缠的应用,并写了不少科普文章,信誓旦旦,让人看起来这些专家是真知。其实,按费恩曼的观点,他们只是在知与不知之间。如此论来,古人说的“知之为知之,不知为不知,是知也”,谬也。

“知乎”哀哉!

85
什么样的后生好成才

见我年迈而培养学生有术，有人就问我什么样的后生好成才？

我不假思索地说：像梁山好汉史进那样的好成才，史进遇到十八万禁军教头王进便成武学之才。推而广之，性格率真的人容易成才。

我从初二起就读《水浒传》，梁山一百零八将中对我性格影响最大的人物是史进，这不单是因为他是水浒里第一个现身的梁山人物，而且在于他的讲情义而忠信、单纯而豪爽，夹带着粗鲁的豪爽。其性格特征可见于以下故事情节：

(1) 史进心服口服拜王进为师，知错就改，见好就学。不但学了李忠的“绿林”功夫，更学了王进的“行伍”本领。

(2) 史进活捉了陈达，但见朱武、杨春自缚来降，史进不但不从朱武狡诈着想，反而深感其有义气，遂与少华山结交。以至于后来为保护朱武等而倾家荡产，上山落草。他原本是可以逍遥地做个庄主的。

(3) 史进渭州寻师，偶尔认识鲁达，一见如故，遂结为异性兄弟。后来在赤松林遇见已经出家的鲁智深，二人联手杀死崔道成、丘小乙两个恶棍。

(4) 史进在渭州找师傅王进，却不期看到了开手师傅打虎将李忠，不以为他武功稀松曾经耽误自己，反而主动打招呼，请吃饭，落下座。

(5) 鲁达想救金翠莲，史进慷慨解囊给了十两银子。

(6) 史进了解到画匠王义的女儿被贺太守夺走，便不顾自己安危，孤身去救人。这是豪爽，也是粗鲁。

(7) 史进随宋江攻打东平府,轻信在东平府的故交、娼妓李瑞兰,被李瑞兰出卖,以致被捕。轻信别人也是一种单纯。自己对朋友忠信,以为别人也如此。

清代的金圣叹认为史进粗鲁:《水浒传》只是写人粗鲁处,便有许多写法。史进粗鲁是少年意气,史进只算上中人物,为他后半写得不好。写史进,便活写出不经事后生来。

可是李卓吾却赞扬他:史进是个汉子,只是朱武这样军师忒难些。

而我却觉得施耐庵写得很真实,史进是性情中人,他的命运是其性格之所然,没有一点做作,跟这样的人相处不累。

在学术界,若遇到不经事后生,心无芥蒂像史进的,其本性率真,就有望成才。因为物理道理是简约的,适合心事单纯的人去研究它。古人曰:"屈原忧极,故有轻举远游,餐霞饮瀣之赋;庄周乐至,故有后人不见天地之纯……"可见,人性毗真,则势无所偏,因势利导可也。

86

漫谈发现与创造的异同

有人问我创造与发现的区别。

我的理解:牛顿发现万有引力,他不能创造引力,他把创造引力这件事归于上帝。狭义相对论(光速不变,惯性系等价)是爱因斯坦的发现,也不是创造,但是闵科夫斯基的四维时空张量是创造出来的。原子弹是根据质量-能量关系之发现的创造。但是广义相对论就很难讲是发现的还是创造的了,因为引力波是根据爱因斯坦创造的理论发现的,是理论决定什么是可观察的。

爱因斯坦认为上帝创造世界不是以掷骰子的方式完成的,如此说来,玻恩、海森伯和薛定谔等关于量子力学的解释是他们的自由意志的创造,不是发现。而普朗克的能量子是发现的,不是创造的。

有人认为创造能够归约为发现,但是发现不能归约为创造。窃以为此论含糊不清,例如激光是人创造的,是发现了原子能级量子化的产物,激光的物理特性更属于发现的范畴。也许创造与发现两者在某些情况下是纠缠在一起的。又譬如说,超导现象是人发现的,但这是在人创造了低温技术后的发现。

爱因斯坦认为,贝多芬的音乐是创造(如哀乐《英雄之死》),而莫扎特的音乐是发现,他的音乐属于自然,它是天籁,它纯洁动人。在爱翁眼里,莫扎特高于贝多芬,发现高于创造。广义相对论应该属于对宇宙奥秘的发现,但它又是爱因斯坦自由意志创造出来的。

由此推广出去,南朝齐代诗人谢朓"余霞散成绮,澄江静如练"是发现诗,难怪李白读后写道"解道澄江静如练,令人长忆谢玄辉"。唐朝的王维也是发现诗(空山不见人,但闻人语响),诗圣杜甫是创造诗(无边落木萧萧下,不尽长江滚滚来)。而要将李白的“浮云游子意,落日故人情”判定为是发现还是创造,就是勉为其难的事情了。

其实,很多重要的发现都是聪敏人以创新的想法实现的,所以我说创造与发现两者是纠缠态。用南唐李煜的话说是:“剪不断,理还乱。”

87 与我交往过的中国科大少年班学生：读傅亮和王文芹的毕业离校信

在我这里做过本科毕业论文的中国科大少年班学生有傅亮和王文芹等。傅亮2000年从江苏省苏州中学考入中国科大少年班；2009年获宾夕法尼亚大学物理学博士学位，后在哈佛大学从事研究工作；2012年1月加入麻省理工学院任物理系助理教授；2013年获美国能源部“早期研究生涯奖”；2016年获“物理学新视野奖”，表彰他在凝聚态物理学方面做出的贡献。他的研究工作富有鲜明的个人特征，受益于中国科大宽松自由的学习环境和本科老师研究风格的熏陶。

2004年6月20号，傅亮离开合肥前一天，给我写了一封信，信中一开始就写道：“感谢您两年多来对我的培养、指导和关怀。您领着我迈开了科研道路的第一步……”傅亮真是个有情义的人。

2002年，王文芹以桃江县第二名的成绩考上了中国科大少年班，四年后，哈佛大学、麻省理工学院等十多所国际著名大学均以全额奖学金的待遇向她发出邀请。我曾对她说，你把这些Offer信都保留着，以后有机会办个展览。最终，18岁的王文芹选择了哈佛大学。她在2006年离开合肥前给我写了封信，并送给我一束鲜花，我记得那花鲜红鲜红的，那以前和以后都没有学生在离校前送过我鲜花的。

我指导过的优秀本科生还有任勇、李超、王勇等。任勇后来在经济领域方面发表过一篇奠基性的文章。

前不久，回到我的中学母校(上海中学)与中学生座谈，我以这些学生为例说明中国科大是出奇才的地方，所谓一方土地养一方人也。

范老师：

感谢您两年多来对我的培养、指导、和关怀。您领着我迈开了科研道路上的第一步，对此我感激不尽，并将一直牢记在心。您提拔后生，以知识教育人，以言行感染人，以道德教化人，以涵泳熏陶人，使我等学生如沐春风。

这是我的本科论文，本来想当面呈献。不巧您有事外出，我又要回家，只能放在您的信箱里了。另有一套《钱钟书论学文选》（钱先生是我最敬佩的学者和很喜爱的作家），托杨阿姨转赠您，聊表对您的感谢。

"没有人不喜爱春风的，没有人在春风中不陶醉的。有春风，才有燕子的回归；有春风，才有杨柳的抽芽。有春风，大地才有诗；有春风，人生才有梦。"这是陈蕃之写过的，我愿借来写给您。

学生：傅亮
2004年6月20日，离开合肥前一天

Email: liangfu@sas.upenn.edu

敬爱的范老师：

这个夏天我就要本科毕业去美国读Ph.D.了。能当您的学生是我的荣幸。我折服于您的正直善良、淡泊名利、对学术的热爱和不懈追求。我敬佩您的学术造诣，也敬佩您的为人。非常感谢范老师的指导和教诲。

Feynman先生也是十分有趣和厉害的前辈，我相信范老师读这两本书会产生快乐和共鸣。

离别之际，祝愿范老师工作顺利，身体健康！多多保重！

学生：王文彦

2006.7.2

学生给我的信

88
描绘灵感特点的绝佳文字

谈起灵感，我曾写过两句诗句“静谧灵感源，涌思脑海舟”，自觉还合适。今晨起床，突然想到柳宗元的《至小丘西小石潭记》中的句子“潭中鱼可百许头，皆若空游无所依。日光下澈，影布石上，佁然不动；俶尔远逝，往来翕忽，似与游者相乐”，才觉得这一段话才是灵感特点的最好写照，灵感原本是“空游无所依，俶尔远逝”的鱼儿啊。这样好的文字，真乃千古绝唱。

柳宗元能有如此之文学功力，如韩愈指出的那样，是长期被贬，困窘深重，苦下工夫而产生的灵感。（“然子厚斥不久，穷不极，虽有出于人，其文学辞章，必不能自力以致必传于后如今，无疑也。”）

我们生活在当今的文人，包括科技界的人，应该感到惭愧。

89
从李敖的一首诗谈文体的活用

李敖过世了,不少人为之惋惜。李敖的作品我读得很少,只知道有人推崇他的《只爱一点点》:

不爱那么多,
只爱一点点。
别人的爱情像海深,
我的爱情浅。
不爱那么多,
只爱一点点。
别人的爱情像天长,
我的爱情短。
不爱那么多,
只爱一点点。
别人眉来又眼去,
我只偷看你一眼。

我以为李敖的这首现代诗与古人写的“临去秋波那一转”有异曲同工之处。明代大学士邱某曾访一寺庙,见寺庙不少墙壁上都画了《西厢记》的故事情节,十分诧异,问曰:“空门安得有此?”有僧人答道:“老僧从此悟禅。”又问从何处悟?答道:“老僧悟在‘临去秋波那一转’。”后来,在清代,也有一个叫尤侗的文人,以《怎当她临去秋波那一转》为题写了一篇八股文,以古板拘泥的文体写出诙谐的人间风流韵事,似乎是从另一个角度为圣人立言,令康熙皇帝不由得称赞。

可见,同一题材可以用相异的文体去描述,李敖的“我只偷看你一眼”是否是受“临去秋波那一转”的启发,我不得而知。“偷看”

尽管不如“秋波一转”那么雅，但也是需要转一下眼珠子的，此乃“活用”词汇也。

怪不得李敖曾自诩：“五十年来和五百年内，中国人写白话文的前三名是李敖，李敖，李敖。”（《独白下的传统》）

顺便说一句，“秋波”原意是秋风中的清澈水波之涟漪和漾动，属物理学词语。古人在诗中，用“秋波”形容人的眼神，是文理结合的典范呢！

90
习古文锻物理素质

不少人以为文科和理课在高中阶段以后就分道扬镳了。而我这个研习物理的则越老越喜欢读古文了。是由于年老者容易怀旧的缘故吗？还是因为历经坎坷唯有忧多心灰的关系，而钻到古纸堆中去的呢？此中真言莫辨。

我总结了习古文的多个好处，对研究物理有帮助：

(1) 古文之境，佳于平淡，惜语遣意，生成自然。这与理论物理好文章的风格一致。

(2) 我的文学水平低，每读古文，总有不解处，此时便如读物理文献那样，边读边猜，饶有兴味。所谓“书从疑处翻作悟也”。

(3) 某一日，再读存疑的古文忽有领悟，有醍醐灌顶之感。如同弄懂了一个物理公式。读书必提要，处事在通经。读古文和学物理皆作如是观。

(4) 读古文，如同先贤促膝谈心。不见其面如闻其音，想象他的长相和言谈举止。如读朱熹之说“格物者，格，尽也，须是穷尽事物之理。若是穷得三两分，便未是格物，须是穷尽得十分，方是格物”如同听他做演讲。

(5) 古文字里行间透正气，尽管常简练含蓄，但贵于意在言外，使人思而得之。读物理文献也需思深参透。

(6) 精辟古文，非读一次便能解。每过数日再读，如晤“江南旧相识”。读大家的物理书也需反复领悟。

(7) 读古文(包括读墓志铭)，知掌故，谙风情，有玩味。研究物理也是一种文玩。

(8) 习古文，学到寻源自不疑。我研究理论物理，推导时也是必从最基本的定律出发。所谓“论古不外才识胆，博物能通天地人”。

我在上海中学上高中时曾听语文老师杨德辉诵过古文，还记得他身着蓝色中山装，头发斑白，戴的眼镜靠着鼻尖，边踱步边吟，所谓因声求气，身心完全融入文章了。如今的我，没有他那种福分享受吟读古文的快乐与陶醉了。

91
“不愤不启，不悱不发”一例

大概是老天爷眷顾善良用功的人吧，我年轻时有幸在量子力学园地另辟蹊径，发明了有序算符内的积分理论，使得狄拉克的符号法得以发展。有学过此理论并能欣赏它的人曾问我：“范君，你是如何想到这个课题并将它凝练成一个科研方向的？”

想起清代袁中道的“聪锐者易放，鲁钝者难入，岂诚有聪锐鲁钝之人哉？无真志耳……”所以我对上述问题的回答是：“如孔子曰‘不愤不启，不悱不发’。”

太史公的《史记》是圣贤发愤之作。明代学者李贽评《水浒传》，认为作者施耐庵虽身在元代，而心在宋代。实愤宋事，愤徽钦二帝被掳，故在书中后半部写宋江领人破辽以泄其愤。又愤康王南渡之苟安，则称灭方腊以泄其愤。但后半部比起前半部来，无论就故事性还是艺术性来说，都有天壤之别。而我的“愤”，是由于遍阅物理教科书中介绍对物理有杰出贡献的，没见到有一个物理学家是出生在中国，而且学业也是在中国完成的。我的激愤就是要通过自己的努力，使得将来的物理教科书上中这样的成果介绍，它是土生土长的中国人的贡献，能给中国人长脸。我无意也无信心与国内显赫比肩，但是我不愿看到中国人在物理领域老是不能望他国人之项背。让西方人在某一方面也领教一下中国人的智慧与才情吧。

我有发愤之抱负，才得以自启自发，这迫切求知迸发出了潜智。

接下来是“悱”，想要在物理教科书中记载中国人的贡献，必须在物理大师的名著或论文里找疑点、提问题。我在狄拉克的《量子力学原理》中找到如何对ket-bra算符积分的问题，在爱因斯坦有关EPR佯谬的论文中发现求两粒子相对坐标和总动量的共同本征态问题，这些问题的解有基本的重要性，有普及教育的意义和长久不衰的科学价值，形式又简洁漂亮，故迟早会上教科书的，所谓金子难掩其发光也。

“成果最佳是自然，融入书中人乐知”。我自信上述我的成果乐于也易于被读者接受、理解和欣赏。以此说明孔夫子的“愤”与“悱”的一隅道理。有领悟力的读者，必能举一隅而以三隅反也。

92

有序算符内的积分法是狄拉克符号法的“语法结构”

诚如天才物理学家费恩曼曾无可奈何地说过的那样:“没有一个人懂量子力学,我认为这样说并不冒风险,要是你有可能避开的话,就不要老是问自己‘怎么会是那个样子的呢?’”然而随着时代的进步,宏观量子现象的应用日趋增多,剖析量子力学规律的基本思想迟早要“飞入寻常百姓家”。为了实现这个目标,并注意到人们在学习量子力学时需经历一个习惯的过程,我向初学量子力学的人提供一部能快速习惯量子力学的读本。通过介绍描述量子力学的最有效、最方便、最简洁的文字——狄拉克符号法,并付之以“语法结构”(有序算符内的积分理论——IWOP技术),使得读者能较快地熟悉量子力学的语言,了解量子力学的程式、思维和交流的习惯。

就像做文学的人要先培养语感一样,初学量子力学的人要先了解量子力学的用语,即狄拉克符号。如果学生们一开始就能径以狄拉克符号为其思想之表象,而不是处处“译”成函数,并且学会用有序算符内的积分理论,那么就容易熟悉量子力学的用语和“表象”变换(常识),学到一个系统,习惯量子力学,从而自然地接受量子论,所谓“习惯成自然”。

胡适先生说:“凡成一种科学的学问,必有一个系统,绝不是一些零碎堆砌的知识。”狄拉克符号,再结合IWOP技术,就有了生气,不再是“一幅山水画却缺乏动感”,而成为一个严密的、自洽的、内部可以自我运作的数理系统,它把态矢量、表象与算符以积分相联系,又把表象积分完备性与算符排序融合,不但可以导出大量有物理意义的新表象和新幺正算符,而且提供了量子力学与经典力学对应的自然途径,因而有明显的科学价值。我们相信,在懂得了对量子力学的ket-bra算符积分的IWOP技术以后,在看到了狄拉克符号法中的韵律和美以后,底气不足的读者对于现行量子力学数理基础正确性的信心就会大大增强。

93
劝人弃理经商诗三首

余有学生，姓商，有经纬之才。一日来访，欲随余深造物理，但觉做物理题难，踌躇满志。余相其面，观其坐相，赠他诗三首。

其一

习理做题为上策，徒背公式却无得。
几字擒题赖开窍，数行中式现规格。
日间散步似有闲，梦中游思实无歇。
四大力学贴座右，不是心铭也骨刻。

其二

人羡灵魂工程师，一日备课几多时。
业少领导必见怪，严多弟子却托词。
舌耕口授休言息，笔应墨酬何敢辞。
此等操劳为生计，苦况莫怨孔夫子。

其三

休恋蜗角声名贵，经商蝇头利益长。
谋生端木便是师，混迹计然也示强。
萤窗切磋太熬神，砚田耕读难产粮。
君看马云称英杰，得志网营意气扬。

（注：端木和计然都是古代善经商之人，马云是当代商业巨子。）

商生读后，拜谢而去，不复来。

94
谩说“枪手”

谩说，就是徒说、空说的意思，因为只要有考试，就免不了出“枪手”。

初中时我看《水浒传》，就记下了金枪手徐宁的大名，他使用独家绝技祖传的钩镰枪法，帮助梁山破了呼延灼的连环马阵，真所谓搦钩杆作金枪，横扫拐子马，显利器之技也。后来我才知道“枪手”这个词早已经被转意了，或叫“捉刀”，是专指那些为别人写文章的人。如《儒林外史》中的匡超人，顶替别人上考场，使别人中了秀才后，得了二百两谢银。随着时代的发展，枪手的涵义也有所扩充，凡是以雇主的身份来顶替雇主做事的人，都可以称为“枪手”，多指代替别人参加考试或撰写论文并获取相应报酬的人。

注意枪手与侠的区别，侠指有能力的人不求回报地去帮助比自己弱小的人。这是一种精神也是一种社会追求。而枪手是计较回报的。

枪手是需一定才能的，一半天智，一半学力。他的学问就是他的枪。社科类的论文容易写，因为人类社会状态的演变是缓慢的，这方面的枪手代写的论文大同小异，寥无特见，聚集钞撮，敷衍塞责而已。历时久了，这些枪手操器烂漫为老手笔，枪尖也越用越锋利了。但是，理科论文要体现创新，或是理论、概念创新，或是研究方法新奇，故而难写，枪手难寻，要想找一个能发表SCI科技论文的枪手则更难。

古时，做枪手的也是要有一定胆量的。记得我童年时，家母毛婉珍曾给我讲述清末考生入场时的情形：天蒙蒙亮，在考场门口，一帮衙役聚集着，手舞铁锁链哗啦啦响，大声吆喝“天地有眼，有恩报恩,有冤诉怨”,其目的是吓唬那些曾经做过坏事或想做舞弊坏事的考生,给予心理压力。因为古人认为考场是报应恩怨的地方,做过善事的考生有神护佑,在考场表现就好;反之,做过坏事的考生注定要落第。如今,我重看《儒林外史》第十九回中关于匡超人换了一套衙役的行头混进考场的描写,果然如此:“交过五鼓,学道三炮升堂,超人手执水火棍,跟了一班军牢夜役,吆喝了进去……”本来,在考场上,考生及锋而试,文场即战场;磨砺以须,笔阵同乎兵阵。买通别人代为捉刀,等于让人代为当兵上战场。呜呼,文章之可传而可法者,非特得之于心也,亦可应诸于(枪)手乎?

在古代,枪手一经查获,事迹败露,法所不容,重则放逐于千里蘧荒,轻则置之离乡背井。那时,才感叹,与其持枪,不如无枪也。

但也有枪手认为代做文章同于代写书信。据传,清代有一位枪手为人捉刀,东窗事发,被拘捕上公堂跪下时,申诉道:“大人,且不闻‘世事洞明皆学问,人情练达即文章’,雇主出了人情,我不就给他出文章吗?何罪之有。望大人明察。念我家贫如洗,替人作文乃谋生计,网开一面。”堂上的大老爷竟一时语塞,不知如何驳斥他。

枪手和他的雇主,哪一个量刑重呢?我想应该是雇主吧,他是欺世盗名,贻害巨大,而枪手只是拿了点佣金。当然,你也可以说枪手是帮凶,助纣为虐。

还有一个令我困惑的问题,帮助或指导那些写不出SCI论文的博士生渡过难关的行为,是侠义行为呢,还是该列为不取报酬的枪手行为呢?

95
述说相隐

相隐寺在巢湖畔西黄山东隅，前不久居士李秀华和夏勇驾车带我去那里参观。早在唐贞观年间，有僧人于此建刹，名曰白衣庵。至明末，有庐州吴相影者，曾为官在京。因睹朝政腐败，悟诸行无常，遂辞官归隐于此，剃发染衣，法号万如。后清政府闻其贤能，召其复出，以“吾出家之志坚，指南即不向北矣！”拒之，遂托庵酬志，改白衣庵为指南庵。1991年，当代佛门耆德妙安公遣弟子法静，派徒弟深入空山，奠基复建。1999年，道场重光，堪为百里巢湖第一刹。妙公更谒时中佛协会长赵朴初居士，述以因缘，请其题额。朴老取“宰相归隐，大乘无相”之义，改指南庵为相隐寺。

我作为一个物理学人，不谙佛学，唯对“相隐”两字饶有兴趣，认为它有物理意义。在物理学中，相位噪声就是指系统（如各种射频器件）在各种噪声的作用下引起的系统输出信号相位的随机变化。而“相隐”是说此噪声隐而不见，或是难以被发现。将此噪声对应红尘中的诸行无常，就可以说，人间的烦恼到了此寺庙中就消失殆尽了，这不正好是建此寺庙的意义所在吗?!

相位是描述无线电波的三要素之一。理想情况下，固定频率的无线信号波动周期是固定的，正如飞机的正常航班一样，起飞时间是固定的。频域内的一个脉冲信号（频谱宽度接近0）在时域内是一定频率的正弦波。但实际情况是信号总有一定的频谱宽度，而且由于噪声的影响，偏离中心频率的很远处也有该信号的功率。偏离中心频率很远处的信号叫作边带信号，边带信号可能被挤到相邻的频率中去，正如延误的航班可能挤占其他航班的时间，从而使航班安排变得混乱。这个边带信号叫作相位噪声。这似乎吻合佛家的凡所有相，皆是虚妄。佛法大乘修的是不取于相的清净心，如此顾名思义地从物理学来解读相隐寺，不知道诸位同仁认同否？还是等以后去请教寺中的高僧吧！

有感于此，写诗两首作为游记。

其一

废兴看寺庙，僧话又今朝。
相由心生隐，情因身倦萧。
空静出智慧，禅定入寂寥。
浮生难得闲，物理解无聊。

其二

漫向年老争时光，驱车绕湖路行长。
司机眼闪途中景，乘客心系闲里忙。
入寺方悟世外静，见僧细论禅中良。
问道群居或孤寂，真人面前可隐相。

顺便录下6月18日开湖日游巢湖诗：

万顷一望水天空，日影穿梭湖心红。
楚地养士俊杰灵，柔风吹体经络通。
高柳鸟语浪相涌，傍水骚客话重逢。
千帆开湖捕捞日，不见披蓑戴笠翁。

李秀华居士拜谒相隐寺住持法日

96
说测量眼神

人身上的器官可见于形。形犹可藏，而神无可掩。是神也者，不失为观人之权衡哉。孟子说得更加明确：“存乎人者，莫良于眸子，眸子不能掩其恶。胸中正，则眸子了焉；胸中不正，则眸子眊焉。听其言也，观其眸子，人焉廋哉。”当心所怀念为良时，则眸子有光明之象，神定固而不迷。盖其气浩然，其中无顾忌也。反之，眸子呈混浊之象，其神常昏散而不清，其心惴惴焉，唯恐人之知其恶为。于是，矫为修饰之容，掩其之态。

其实，从物理学的角度来看，上一段文字的意思是测量人瞳孔中出来的光的性能，具体点说是光的聚焦性能，昏散是视力不良者眼的光聚焦不好。是否是散光呢？这与患有白内障的眼神又有什么区别呢？现代光学物理能给眼神一个定量的公式，反映其与内心所掩的关系吗？

孟子作为一个观测者，能分辨眸子之光明或昏散之象，他自己的眼神(作为测量仪器)须要精密、分辨率很高才行啊。

除了孟子，曾国藩也指出，眼神是我们判断人心地的重要依据。他把眼神区别为清与浊两种，清与浊是比较容易区别的。按照曾国藩的经验，一个愚笨的人，在不断的训练中，如果大脑升华了，人也聪明起来了，眼神也会由浊而清。但眼神又有邪与正之区分。考察一个人眼神的邪正不容易，现代仪器和理论能给眼神的邪正一个物理解释吗？

清代名医赵彦晖在《存存斋医话稿·学医犹学弈》中曾言：“学医犹学弈，医书犹弈谱也。世之善弈者，未有不专心致志于弈谱，而后始有得心应手之一候。然对局之际，检谱以应敌，则胶柱鼓瑟，必败之道也。医何独不然？执死方以治活病，强题就我，人命其何堪哉？故先哲有言曰：‘检谱对弈，弈必败；拘方治病，病必殆。’所言极是。”

每位病人具有各自的特殊性和个性，即“变”。而且同一病人，在疾病发展的不同阶段，也各具特性。因此，仅仅识“常”，而抓不住具体病人的特殊性和个性，在临床实践中注定会进步缓慢。

由此可见，判断个人眼神邪正之难。

97

物理诊题和医诊儿科

当今,高校自主招生的诱惑使得不少中学生参加物理竞赛,但竞赛题多变,学生觉得难。我空闲时,曾翻阅了一些物理竞赛辅导材料,写下了如下的文字。

研习物理,能正确理解定律并灵活应用于物之演变过程,才也。不越定律而思定律之辟空横出、来龙去脉,极其才之谓也。定律简练、洞达、严整,然变化万千,此乃物理之难学也。非运用之妙存乎一心者,不能见物理之纵横变化中所以为严整之理也。此也谓变中求不变也。故善用定律者,非以窘吾才,乃所以达吾才也。

我想起明代名医张景岳写的《小儿则总论》,此文给我们物理学人以启发。张景岳写道:"小儿之病,古人谓之哑科,以其言语不能通,病情不易测。故曰:'宁治十男子,莫治一妇人;宁治十妇人,莫治一小儿。'此甚言小儿之难也。然以余较之,则三者之中,又为小儿为最易。可以见之?盖小儿之病,非外感风寒,则内伤饮食,以至惊风吐泻,及寒热疳痫之类,不过数种,且其脏气清灵,随拨随应,但能确得其本而撮取之,则一药可愈,非若男妇损伤,积痼痴顽者之比,余故谓其易也。第人谓其难,谓其难辨也;余谓其易,谓其易治也,设或辨之不真,则诚然难矣。然辨之之法,亦不过辨其表里,寒热,虚实,六者洞然,又何难治之有?"

做物理习题,就如同诊小儿之病,看似难,实为容易。拿到题目如觉得难,是难辨用什么公式解之也。通过分析物理题的已知条件,猜想结论,能在选定律时辨之确真,则接下来的事情就容易了。因为解题无非是套物理公式、用物理定律而已。

中医看病，通过望、闻、问、切而得到对病人的感觉。“望而知之谓之神，闻而知之谓之圣，问而知之谓之工，切而知之谓之巧。”学生解物理题，需要培养物理感觉。所以我花两年时间写了《物理感觉启蒙读本》这部书，为困惑于物理学习者解忧。如今该书已为大众读者认可，幸甚。

98

《西游记》中被忽略的一段高级幽默

物理学家要能坚持艰苦卓绝的研究，除了严谨，还要有幽默感，保持好心态。但在文学作品中幽默写得最多最好的是吴承恩。他在《西游记》这个神怪故事中写了不少幽默段子，已经有不少网友在网上专门指了出来，给予评论。如在蝎子精这一回，悟空和八戒再次打到蝎子精洞门前时，四五个丫鬟跑进去报道："奶奶，昨日那两个丑男人又来把前门打碎了。"那怪闻言，急忙叫："小的们，快烧汤洗面梳妆！"说明即便是有生命危险，女性化妆还是断不能少，爱美胜于惜命。

而我看《西游记》觉得最高级的一段幽默不涉及孙悟空、猪八戒和其他妖怪的话语，而是菩萨和老君的一段对话。在第六回"观音赴会问原因，小圣施威降大圣"中，菩萨开口对老君说："贫僧所举二郎神如何？果有神通，已经把那大圣围困，只是未得擒拿。我如今帮助他一功，决拿住他也。"老君道："菩萨将甚兵器？怎么助他？"菩萨道："我将那净瓶杨柳抛下去，打那猴头，即不能打死，也打个一跌，教二郎小圣好去拿他。"老君道："你这瓶是个瓷器，准打着他便好，如打不着他的头，或撞着他的铁棒，却不打碎了？你且莫动手，等我老君助他一功。"于是，老君用金刚琢打倒了孙悟空。

那么，曾过函谷关的老君为何要此时逞能呢？难道他不知道观音的净瓶连四海都装得，是个打不碎的宝物吗？非也，他是幽默了一把，找个借口让道家在对付孙悟空的战场上立功。因为，孙悟空大闹天宫是造玉帝（道家）的反，镇反是道家的分内事。

这是临阵磨枪时还注意保护文物的神仙故事，吴承恩写菩萨和神仙一样的平民化，却又不俗。难得！

《西游记》中，观音菩萨后来确实还是抛了一次净瓶，那是在第四十二回孙悟空去南海求观音捉拿红孩儿。观音听孙悟空说红孩儿变作菩萨模样，大怒“将手中宝珠净瓶往海心里扑地一掼”。这里吴承恩又加了一段幽默，孙悟空说：“……把净瓶掼了，可惜！可惜！早知送了我老孙，却不是一件大人事？”原来那净瓶抛在海里，装了一海之水呢，哪里会像老君调侃的那样被打碎呢！

99
用分析-综合法读《西游记》

物理学家在长期的科研中养成了分析和综合的思索习惯，于是读文学作品也自觉或不自觉地用上了。《西游记》虽说是一部神怪小说，却还真值得我们学物理的闲暇时仔细琢磨。前不久，看了清代金圣叹写的《读第五才子书法》，文章在赞扬《水浒传》的同时却认为："《西游记》又太无脚地了，只是逐段捏捏撮撮，譬如大年夜放烟火，一阵一阵过，中间全没贯穿，便使人读之，处处可住。"

我以为金圣叹的这种"一言以蔽之"是过分的。《西游记》并不是如他所批评的那样。实际上，吴承恩在写作中是有全局考虑，也有局部呼应的。我们当以分析-综合法读之。

如唐僧先收猴精，再收龙，而后是收猪精和沙僧，不都体现了先来后到、兄先弟次的贯穿吗？悟空先遇到红孩儿将其制服，然后遭遇铁扇公主和牛魔王的刁难，不也是情节合理吗？那火焰山的来源是孙悟空大闹天宫时踹到八卦炉掉下的一块火砖，不也是前后故事有呼应吗？

不但如此，吴承恩在写作中常有暗喻，如唐僧师徒4人加上白龙马正好凑五行(金、木、水、火、土)之数。"心猿意马"这个成语就体现在孙悟空和白龙马身上，书中有"心猿归正""意马收缰"两章目，前后呼应。

再譬如，《西游记》中的妖怪，既有要吃唐僧的食魔，也有爱唐僧的色魔，不也是吴承恩的匠心独运吗？在书中出现色魔以前，吴承恩先写了一章《四圣试禅心》，让黎山老母、南海观音、文殊和普贤化装成四个美妇人来考验唐僧的禅心，又拿猪八戒做反面陪衬。这一章为后面的唐僧经得起诸多色魔(如白骨夫人、西梁女王、木仙庵的杏仙、盘丝蜘蛛、无底洞之老鼠、玉兔精等)的诱惑做了伏笔,情节贯穿得天衣无缝。

以上说的是书中的大贯穿。小贯穿也是有的,如通天河中的老鼋。它在驼唐僧等4人过河时请唐僧转问如来一个问题:它何时能脱壳转人身。结果唐僧忘了问,后取经回来再驼在老鼋身上过通天河时,老鼋让他们落了水。

所以,学物理的经验可以帮助我们深刻分析文学作品,这不也是人生幸事吗?

100
卖书杂记

有买书就有卖书。书在我一个退休的人手里服务了好些年，现在也该从我的书架上退役到别的书生那儿去服务了吧。因为我绝不能送它们去废品回收站蒙上一层脏灰，故而还是摆个小地摊让它们与有识之士结缘吧。幸许，在摊上还能遇到个把书癖，如明代的徐霞客那样，年轻时到处搜集没有见到过的书籍，只要看到好书，即使没带钱，也要脱掉身上的衣服去换书。这成就了后来他的文学家水平的游记，被后人称为真文字、大文字、奇文字。真所谓“事可到传都近癖，人非有品不能贫”。

将几个手提包袋的书搭载在旧的自行车上，就这样半推半骑着，在食堂前摆过几次书摊。我觉得校园里的书癖寥寥，鉴赏力高的人更少。其实，作为一个科研工作者，应该看的书远不应局限于本专业，而应兼看文学、艺术、哲学类的书，否则他的胸襟不大，创新能力不强，他的生活也易陷于枯燥。我不但卖旧书，也捎带卖一些自己的著作，我觉得不学我在量子力学和量子光学方面的作品，就是一种缺憾，因为我的理论太美了，独此一家，别无分号。

在大多数的摆摊时间都是无人问津，也有不屑的眼光从我身上掠过，也有人觉得新鲜偷拍我和我的书摊……有时我捡起那些待卖的旧书翻阅，发现有的实在难以割舍，不该带出来销售。对于我来说，一本书，只要有一段对我有启发，就值得保存。尤其是那些消逝的名人的著作，拥有他们的书，似乎可以时刻与他们对话。还有一类书，我是不卖的，那就是线装的用宣纸印刷的古书，因为是古文，能看懂的年轻人很少。

摆摊使我接触了一些学生，大多数的翻书者看到不懂的书就放下了，只有极少数者是越看不懂越要买了看。我于是鼓励着说，买这本书花的钱可以去做家教挣回来，可要是现在错过了它，有钱再想买时，却不一定能见到这本书了，失之交臂也。

摆摊时也可琢磨着看人，人之禀赋，迟迅可辨，看哪些学生好学，有成才相，于是和他们聊上几句，问他们是从哪里考来的呀，学习吃力吗，会自学吗？……对于卖出去的我写的书，我都签上名，有时还在签名旁写对联或小诗，如"物以变幻含理趣，人因思考长精神""落叶无奈树，寒窗有志人""千秋几人圣，万象一式描"等。我半真半假地说，这些我签名的书，以后会涨价呢。(我有一本普朗克的著作，要是有他的签名该多好啊！)

摆书摊也使我怀旧，想到有的旧书是我在上海读初中时从旧书店买的，如《古代寓言》，有的是读高中时看的，如20世纪60年代北京数学会出的一套青年数学小丛书，包括华罗庚写的《从祖冲之的圆周率谈起》，眼前就会浮现自己年轻时手不释卷的情景。这些书曾给了我培养自学能力的机会，也使我走上了"辛苦遭逢起一经"的不归路。

书海无垠，人生须臾，但愿年轻人能知道挑什么书看，在旧书摊上历练出随手翻阅便能鉴识宝书的本领——看电子书总归不如有本纸质书在手舒服和方便。

有诗为证：

设摊卖书不关钱，有人问津诲不倦。

若说何景可追忆，照上青年求指点。

作者摆摊卖书

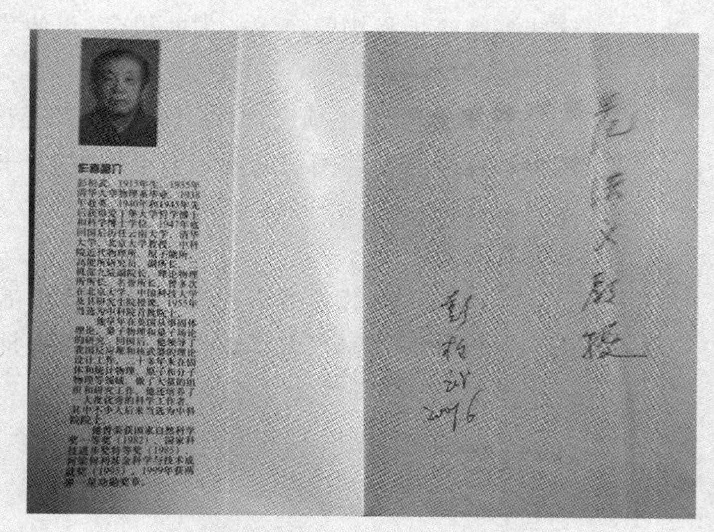

作者简介

彭桓武，1915年生。1935年清华大学物理系毕业。1938年赴英，1940年和1945年先后获得爱丁堡大学哲学博士和科学博士学位。1947年底回国后历任云南大学、清华大学、北京大学教授，中科院近代物理所、原子能所、高能所研究员、副所长，二机部九院副院长，理论物理所所长、名誉所长。曾多次在北京大学、中国科技大学及其研究生院授课。1955年当选为中科院首批院士。

他早年在英国从事固体理论、量子物理和量子场论的研究。回国后，他领导了我国反应堆和核武器的理论设计工作。二十多年来在固体和统计物理、原子和分子物理等领域，做了大量的组织和研究工作。他还培养了一大批优秀的科学工作者，其中不少人后来当选为中科院院士。

他曾荣获国家自然科学奖一等奖（1982）、国家科技进步奖特等奖（1985）、何梁何利基金科学与技术成就奖（1995），1999年获两弹一星功勋奖章。

“两弹一星”元勋彭桓武先生的赠书

趣说科研

101
谈科研论文发表的数量

唐代诗人李白、杜甫、白居易都是诗作丰富的人。明代"竟陵派"首领钟惺曾提到:"诗文多多益善者,古今能与几人?与其不能尽善而止存一篇数篇、一句数句之长,此外皆能勿作,即作而不能不使似,使后之读者,常有'其全绝不止此'之疑,思之惜之,犹有有余不尽之意焉。"这段文艺评论,主张诗文创作要少而精,反对粗制滥造。

拿我们写理论物理文章来说,也应该是质量第一。在保证每篇论文都有明显创新的前提下,当然是多多益善。不少诺贝尔物理学奖得主,如巴丁、钱德拉萨卡等都是很勤奋的人,他们每年都有七八篇高质量论文发表,他们也以发表论文多而自豪。巴丁80岁时,仍然坚持搞科研,他说:"我每年发表的论文数还是稳定的,并没有下降。"巴丁之所以发表论文又好又多,是因为他是多面手,精通理论物理的多个领域。在物理界,巴丁是个幸运儿,他拜的老师狄拉克、德拜、范弗莱克、布里奇曼等都是名师,为他能多写论文打下了扎实的数理基础。

什么条件下论文可高质高产呢?作者若能开创一个新领域,其成果有广泛应用,又博学,后续论文就会延绵不断。我有幸在量子力学中另辟蹊径地提出有序算符内的积分理论后,就在量子光学、量子统计、量子化学方面开拓其应用,论文数量就多了起来。有人奇怪我怎么能持续多年高产,殊不知那是狄拉克符号法简洁又深刻的优越性的体现呢!越是简洁优美的理论,其应用就越广啊!

研究人员只有亲身经历那种开创新领域的心路,才能体会论文高产是可能的。我的研究生胡利云就是一个例子,他也是个高产者,现在已经是江西省的学术带头人了。

102
谈论文命题

写科研文章是先定好题目再写呢，还是先写文章再定题目呢？这个问题似乎是在问先有鸡还是先有蛋，难倒了很多学者，其实我觉得答案很简单，问问当事人（这里是当事鸡）即可，因为蛋还不会言语，于是结论就很明显：是先有鸡。此议当然是一则笑谈。

我自己的经验是先有一个物理动机（motivation），就有了一个题旨（即我这篇文章旨在……），以此为中心，步步为营逐步展开，待到围绕题旨的各个段落的逻辑严谨，结构有致，意思写明说透后，再提纲挈领地补上题目。即有限地发散后再加以凝练的手段。此谓先酝酿后制作，意在笔先。然“意”和“笔”又是相辅相成的，不能截然区分。说是先有物理动机，其实“胸中成竹”已有，故出现先有鸡还是先有蛋之辩。

理论物理，既要有新意，又须妙笔。譬如，要将牛顿-莱布尼茨积分发展为对ket-bra算符的积分，这是动机，但若没有妙笔——有序算符内的积分技术——就写不出论文来。

物理论文都是探索性的，对于有的文章的结论作者自己也犯嘀咕。例如，1935年美国《物理评论》的第47、48期上分别发表了两篇题目相同的论文：《物理实在的量子力学描述能否认为是完备的?》。在第47期上署名是爱因斯坦、波多尔斯基和罗森，在第48期上署名是玻尔。文章的题目带上问号，表明作者自己对论文的结论正确与否也无多大的把握，这种标题的文章一般人怕是不敢写，担心杂志不会刊登。而爱因斯坦和玻尔都是顶级大家，他们提出的问题本身就解决了问题的一半，然而这是让后世人纠缠不清的问题，所以可以用带问号的题目投稿。

我自己写了不少论文，其中大部分的题目根据所增删的内容改了又改，有的甚至与原有的题旨差别很大，这也属自然，所谓写作时跟着感觉走。

论文的题目要切合内容，不要空洞无物、夸大其词，也不要题不达意。我曾经以 *Newton-Leibniz integration for ket-bra operators in quantum mechanics and derivation of entangled state representations* 为题，写了一篇论文投寄高级杂志 *Annals of Physics*。我的德国同行温舍担心题目太惹眼而不易被接受，因为文题说的是如何将牛顿-莱布尼茨积分发展到对狄拉克符号的积分，鉴于牛顿、莱布尼茨和狄拉克都是世界伟人，审稿人、主编和读者能认可此题目吗？事实是论文顺利发表，且被引数百次。接着我以同一题目的论文连载5篇在同一杂志上，这实际上是国际同行对狄拉克符号的强大功能的钦佩和尊敬啊。

103 学习是一个追寻糊涂难的过程

问能解疑，也是思维的方式之一。清代桐城派代表人物之一刘开专门写了《问说》一文，强调提问题对于长学问的重要性。

我在这里要问的是："为什么差的学生问题一大堆呢？"是因为不会问问题而使问题越积越多了吧。而不能问的原因是不会思考。当然有的学生不问问题是害羞，不好意思。怕人讥笑说："啊，这样的问题都能问出来？"故要提倡不耻下问。若不问，耻在一日，误在终身；一时之惮，毕生之悔也。

好几回我去外校给大学生做报告，报告结束后，主持人问："听众有问题提吗？有观点与范老师交流吗？"

有的听众举手提问题，但表达不清问题本身，自己不知道问题的症结所在，连糊涂都谈不上，更不要说在糊涂中理出头绪来。其实，学习是一个发现问题、追寻糊涂难的过程。郑板桥写的"聪明难，糊涂难，由聪明而转入糊涂更难"可以算是自学者挖掘新知识的心路历程。

自学中，如能隐约觉得有问题就是好的开端。接下来便是明晰问题，使之逻辑化，有时问题不止一个，则需条理化，分清主次，删繁就简，以最简洁的语言表达问题。然后是深入问题，以不同的角度揣摩问题，从相似处找寻不同处，所谓"数回细写愁仍破，万颗匀圆讶许同"，刚刚觉得聪明了一些，又陷入新一轮的糊涂中。

我的朋友何锐说："带着问题去学习是一种正确的学习方式，只要问题明确，即便自己对答案是什么也不清楚，处于糊涂阶段，也要比茫然一片好。这就好比某人来到一个陌生的城市，他对该城市的地理一窍不通，但是他对目的地在该地的方位却是明白的，因此，不管他通过什么方式——也许是糊里糊涂地，最终他总会到达目的地，通过一阵子摸索，他就会掌握该处的地理。但如果他既不通地理，又没有目的地，那就会一直糊涂下去。”

我曾写诗：“爱绕竹林行，追寻糊涂难。望竹羡板桥，抚笋欲冒尖。”对这里的“追寻糊涂难”有两种理解：一是追寻糊涂难本身，另一是说追寻糊涂这件事是难的。

大物理学家狄拉克有一次做完学术报告后，有位听众举手发问说：“教授，某个地方我不懂。”狄拉克回答说：“这不是一个问题，而是一个声明。”可见提出明确的、要害的问题之不易。

海森伯说过，在研究的行程中，提出的问题往往不是孤立的一个，而往往是一系列的。一个人在一时不只要解决一个问题，他不得不在同时解决相当多的问题才能真正前进。

104
如何评价理论物理学家的水平

据《史记》载,魏文侯曾问:“你们三兄弟中谁最善于当医生?”扁鹊回答说:“长兄医术最好,仲兄次之,自己最差。”文侯说:“可以说出来听一听吗?”扁鹊说:“长兄治病,是治于病情未发作之前,由于一般人不知道他事先能铲除病因,所以他的名气无法传出去。仲兄治病,是治于病情初起之时,一般人以为他只能治轻微的小病,所以他的名气只及于乡里。而我是治于病情严重之时,在经脉上穿针管来放血,在皮肤上敷药,所以都以为我的医术最高明,名气因此响遍天下。”

这当然是扁鹊的自谦之词。

拿对热辐射规律(任何物体都具有不断辐射、吸收、发射电磁波的本领)的研究做类比,大致可分为三个阶段,其代表人物分别是基尔霍夫、瑞利和普朗克。

基尔霍夫(Kirchhoff)指出在热平衡状态的物体所辐射的能量与吸收的能量之比与物体本身的物性无关,只与波长和温度有关。所以可以研究不依赖于物质具体物性的热辐射规律,定义一种理想物体——黑体(black body),以此作为热辐射研究的标准物体。辐射出去的电磁波在各个波段是不同的,也就是具有一定的谱分布。这种谱分布与物体本身的特性及温度有关,因而被称为热辐射。在黑体辐射中,随着温度不同,光的颜色各不相同,黑体呈现由红一橙红一黄一黄白一白一蓝白的渐变过程。

瑞利在1900年从统计物理学的角度提出了一个关于热辐射的公式,即后来所谓的瑞利-金斯公式,内容是说在长波区域,辐射的能量密度应正比于绝对温度。这一结果与实验符合得很好,为量子论的出现准备了条件。

普朗克在1900年研究物体热辐射的规律时发现，只有假定电磁波的发射和吸收不是连续的，而是一份一份地进行的，计算的结果才能和实验结果相符。这样的能量叫作能量子，每一份能量子等于普朗克常数乘以辐射电磁波的频率。普朗克辐射定律则给出了黑体辐射的具体谱分布，普朗克常数记为h，用以描述量子大小。在原子物理学与量子力学中占有重要的地位。

我以为：普朗克、瑞利和基尔霍夫三人分别对应于扁鹊、扁鹊的仲兄和扁鹊的长兄。

在物理界，爱因斯坦曾评论海森伯和薛定谔两人中谁对创建量子论的贡献大，他认为是薛定谔，因为薛定谔创建的概念会有更深远的发展。而狄拉克则持相反的立场，认为海森伯理论的出发点来自实验观察的现实。另一物理大师泡利也认为海森伯应该排名在薛定谔前，他觉得海森伯的矩阵力学更有独创性，而薛定谔的工作只是在德布罗意的思想基础之上的扩展。使人想起苏轼在《答毛滂书》中写的："世间唯名实不可欺，文章如金玉，各有定价。"我认为狄拉克看好海森伯的另一原因是他琢磨出了量子对易子和经典泊松括号的对应。我曾将海森伯方程结合薛定谔算符，提出了不变本征算符的概念和方程，使得海森伯方程也可以方便地用来求某些量子系统的能级；我还提出了对狄拉克符号直接积分的理论。可见，多比较伟大科学家的成果的特点，有时也会萌生新想法。

如此看来，理论物理学家的水平可以从三方面来判定：(1) 独创的引领性和基本性；(2) 成果广为传播和普及的程度，即广博性；(3) 成果后续影响的长远性，即可持续性。

而在所有得到诺贝尔物理学奖的能人中，我认为普朗克的那块奖牌价值最高。因为普朗克的量子理论是继牛顿以后自然哲学所经受的最巨大、最深刻的变革，对人类生活方式的改善起到了划时代的作用。

清朝书法家何绍基题匾《仁医》

仁医扁鹊像

105 参加学术会议之诫

大物理学家费恩曼在1962年参加过一次华沙广义相对论与引力会议，事后他在给妻子的信中写道："我没从会上获得任何东西。因为没有实验，这是一个没有活力的领域，几乎没有一个顶尖的人物来做工作。结果是一群笨蛋（126个）到这儿来了，这对我的血压很不好。以后记着提醒我不要参加任何有关引力的会议了。"

这里，费恩曼谦虚地把自己也纳入笨蛋的范畴，可是三个臭皮匠顶个诸葛亮，像费恩曼那么聪明的人只要他想钻研什么领域，就会在那里有成果，成为该领域的顶尖人物。

我们从费恩曼的告诫学到：

(1) 物理会议上最好有介绍实验的报告。

(2) 该领域有顶尖高手在活动才有生机。

(3) 参加会议前要预计会得到什么收获，或是新物理思想的闪光，或是方法论的改进。不要盲目地见有会议就参加。

记得我在加拿大访问时，曾到阿尔伯塔大学参加过一次学术会议，听到了一个关于贝里相位（Berry phase）的介绍，回来后我即写出求$SU(1,1)$相干态的贝里相位的论文，不久就被*Physics Report*的一篇文章引用。参加学术会议主要是去收集信息的，看看人家在关注什么。若是能与其他与会者交流合作，那就更好了。其实，费恩曼关于路径积分的宏旨大篇就是在一次参加学术会议上听人讲到狄拉克在《量子力学原理》书中有关于作用量的叙述后，加以深入思考才写就的。

106
胸中洁净的物理学家

我在上海中学寄宿时，在课外看了一些科普读物，有介绍多普勒效应的、有介绍相对论的……迷迷糊糊地看不明白，但越是不懂就越有兴趣，所以高考志愿选了物理专业。

上大学期间，时而下乡劳动，时而参加国庆被检阅的民兵队伍操练，正式上课学业务的时间大打折扣，加之科大当时教我们的年轻老师高手不多，没有受到激发物理直觉的训练。

全靠自己本性好学，心态平和，与世无争，不计得失，才能在喧嚣的环境中静下心来自学一点物理，发现了狄拉克的书中有科研问题可以研究。我在研究中减少了对禅学的所谓顿悟的神秘感，培养了物理直觉，发明了新的方法，也发现了自己的特长——联想力丰富，有时能将看似风马牛不相及的两件事连在一起。可见，“欲见圣人气象，须于自己胸中洁净时观之”。

古人讲究身上有正气。明代李日华写道：“洁一室，横榻陈几其中，炉香茗瓯，萧然不杂他物。但独坐凝想，自然有清灵之气来集我身。清灵之气集，则世界恶浊之气亦从此中渐渐消去。”

胸中洁净才会萌生善根，才能滋生慧根。所谓“静谧灵感源，涌思脑海舟”。狄拉克被称为是纯(pure)物理学家，他不但物理论文求纯，言谈举止也从简。唐代诗人王昌龄的诗格“搜求于象，心入于境，神会于物，因心而得”，其必要条件就是自己胸中洁净。

清代戴名世说：“夫是一心注其思，万虑屏其杂，置其身于埃𡏖之表，用其想于空旷之间，游其神于文献之外。”这里的“一心注其思”是指意向，掌握了自我、纯洁了心灵去研究物理，才是认识自然规律之道。

怎样才能“胸中洁净”呢？窃以为有以下两点：一是简单生活，避免为物质的东西烦心，不让思想受破坏性的情感所影响；二是回避荣誉，不求优越地位。

爱因斯坦曾说：“……有了名气，我变得越来越笨拙。当然，这是一个非常普遍的现象。”朱光潜说：“有许多在学问思想方面极为我所敬佩的人，希望本来很大，他们如果死心塌地做他们的学问，成就必有可观。但是因为他们在社会上名望很高，每个学校都要请他们演讲，每个机关都要请他们担任职务，每个刊物都要请他们做文章，这样一来，他们不能集中力量去做一件事，用非其长，长处不能发展，不久也就荒废了。名位是中国学者的大患。没有名位去挣扎求名位，旁驰博骛，用心不专，是一种浪费；既得名位而社会视为万能，事事都来打搅，惹得人心慌意乱，是一种更大的浪费。古之学者为已，今之学者为人。在‘为人’‘为已’的冲突中，‘为人’是很大的诱惑。学者遇到这种诱惑，必须知所轻重，毅然有所取舍，否则随波逐流，不旋踵就有没落之祸。认定方向，立定脚跟，都需要很深厚的修养。”

“胸中洁净”的物理学家对自己的科研成果负责，绝不写出欺世盗名的作品，他们在面对重大发现时所做的第一件事就是尝试证明它错了。普朗克足足花了15年来反思他的能量量子化理论就是一例。我自己在第一次用有序算符内的积分方法完成积分就得到了压缩算符的正规乘积形式，太简洁优美了，简直不敢相信结果是对的，就用别的途径去验证，过了两年才去发表这项结果。

如今，我深居简出，每天在理论物理的研究中寻找美和简朴，“闭门即是深山，读书随处净土”，不觉老之已至，作诗自嘲：

已过人生多半载，老来襟怀更拓开。
相逢都吟开口笑，幸会各临健身台。
斜阳陌里归鸟栖，月影幌中心扉开。
此居红尘不到处，敢笑白云不优哉。

107
望月与做科研

古人云：少年做论文，如隙中窥月（穿过繁密的枝叶看月亮，视线被枝叶阻隔，几乎看不成一个完整的圆）；中年做论文，如庭中望月（显处视月，一下就能看到月亮的面貌）；老年做论文，如台上玩月（以恬淡的心态与艺术家的风范欣赏月亮）。

古人的说法自有道理，中国古代的学问大多是与人的境界相关的学问，具有主观色彩，不经世事洗磨，难谙学问旨归。作为一个学问家，愈到老境应该愈显堂芜开阔，做论文自然能够随意发挥，任运自如，如台上玩月；而人在中年，更重实际效应，人伦日用，莫不关己，所以做论文要据实而论，故如庭中望月；人在少年，维度不宽，阅历不够，题材有限，自然有隙中窥月之窒碍。从小到老，这其实是一个从务实渐至务虚的过程。

与太阳相比，月属阴。太阴为识度，识度有闳阔之度、含蓄之度；少阴即情韵，情韵有沉雄之韵、凄恻之韵。所以古人以望月来比喻做文章的深度与情趣。提到赏月，我不禁想起明朝文人张岱写的《西湖七月半》中他自己的赏月状态："小船轻晃，净几暖炉，茶铛旋煮，素瓷静递，好友佳人，邀月同坐，或匿影树下，或逃嚣里湖，看月而人不见其看月之态，亦不作意看月者。"

我自己于某年阴历六月十五晚在巢湖边坐在一个亭子里赏月，凉风习习，遍体和畅，写了一首小诗以相应张岱所见：

月炫天心光耀水，闲云便来遮月辉。

应使月色变朦胧，湖边情侣好幽会。

以上是对搞文学的人说的，对于物理人，则隙中窥月、庭中望月和台上玩月，做研究的本事要兼而有之。

隙中窥月使我想起一个小故事。法国天文学家甘赛狄7岁时就爱好天文学。半夜里，他常常起身观察星月。一天晚上，他和几个同龄孩子一起玩。当时，圆月当空，许多浮云被风吹着，像轻烟般飘过。孩子们仰望天空，忽然争论起来，别的孩子都说月亮在云里行走，唯独甘赛狄说月亮的行动不容易看出，我们看见的乃是飘动的浮云。为了说服同伴们，甘赛狄叫他们都走到一棵枝叶繁茂的大树下，从枝缝叶隙里窥视月亮。大家试行以后，才认可甘赛狄言之有理。这说明在观测物理系统时，莫要忘了其所处的环境。

而且我以为，做理论物理研究能做到"隙中窥月"最为难得，普朗克以"隙中窥月"的方式从热辐射的研究中发现了能量子；海森伯和薛定谔"庭中望月"，分别提出了矩阵力学和波动力学；而爱因斯坦"台上玩月"，提出了量子力学的测量问题兼哲学问题："月亮只是在我们看它时才存在吗?"一度使得玻尔学派难以招架。我因而作诗曰：

量测实在难知晓，无人望月月自皎。

大师尚且争不休，何苦梦中寻烦恼。

不管在人生什么时期，做理论物理研究要做到清通简要，使得物理规律昭然。物理天才以彰显自然规律使得大众顺天而行，得以解脱。

108 量子力学发展史舞台上的小角色

量子力学发展史舞台上的理论家大角色是普朗克、玻尔、爱因斯坦；稍后出场的主角是德布罗意、海森伯、薛定谔、狄拉克、泡利、玻恩；再有威格纳、费恩曼、朗道、福克、贝尔，以及量子光学理论先驱、诺贝尔奖获得者格劳伯等。近来，在量子信息的舞台上也出现了若干大角色，不一一列举。

我因为侥幸看出狄拉克符号法的不足之处，匪夷所思地发明了有序算符内的积分理论（IWOP方法）。说匪夷所思有两层意思：一是那么多物理大家在狄拉克发明符号法后的半个多世纪内都没有想到要对ket-bra算符积分，尽管多版次的狄拉克的《量子力学原理》的前言中指出符号法本身的数学有待完善；二是解决此问题的IWOP方法本身也是很难想到的，实现了狄拉克生前要发展符号法的愿望。可算是个量子力学发展史舞台上的小角色了。说“小”，是因为我的学术“出身”不在西方大学，也未有机缘在物理大师门下学艺，但我这角色是不可或缺的，即便是在狄拉克的光环下。因为符号法只有在伴上IWOP方法后，才显得巧夺天工、天衣无缝。古人云：“天下之文，莫妙于言有尽而意无穷。”IWOP方法是用之不竭的，它使得量子力学理论之“脉”气韵生动了，其意无穷矣！

清代学者方东树在《昭味詹言》一书中指出：“学一家而能寻求其未尽之美，引而伸之……方是自成一家，不随人作计。古之作者，未有不如此而能立门户者也。”我的自立门户的科研工作能尽狄拉克符号法之未尽之美，担得起在量子力学的教科书中增添新的章节的责任，是中国人对量子力学基础理论的难能可贵的贡献。

IWOP方法之于量子力学基础理论，好比“苔衬法”之于中国山水画。在画山水树石时都少不了点苔。细微的点苔在整个画中似乎只是点缀和衬托，但点苔本身也是一门学问，有了它才气韵生动，故称为“山水眼目”，不可或缺。IWOP方法把量子论中的几个重要的基本概念如态矢量、表象、算符等，以积分贯成一气来研究，打通了量子力学的“任脉”与“督脉”，使其“经络疏通”。

严格来说，中国画的点苔功能主要不是求真，而是求美，即以点苔之美来沟通整幅画的气韵之美。而IWOP方法还有求真的效能，它有很多应用，使得量子力学的内容更加丰富，对量子力学的概率解释也可以更上一层楼（用正规乘积排序的正态分布来理解量子力学的表象）。

我曾应奥地利泽林格尔（Zelinger）教授的邀请在英斯布鲁克（Innsbrook）大学讲学，讲如何发展符号法，后来潘建伟告诉我，听众中有人认为，要是狄拉克还活着，会感谢我发展了他的理论。

除了另辟蹊径地提出IWOP方法，我还推陈出新，完善变换理论，简化算符排序论，建立纠缠态表象，解出激光通道主方程，发展相干态、压缩态理论，提出广义费恩曼定理，提出算符厄密多项式理论和不变本征算符方法，发现光学变换菲涅耳（Fresnel）算符，完善相空间量子力学等，发表了一系列的论文，使得量子力学的数学物理有别开生面的发展，并写成18本专著。所以，IWOP方法的特点是：另辟蹊径，推陈出新，别开生面。而这一切为什么不是量子力学的发源地和“香火”旺盛地的人们想到的呢！天公可谓是“不拘一地降人才”了。

难怪古人有“黄河信有澄清日，后代应难继此才”之说。

109
理论物理学家要习惯于“独行潭底影”

有人问起我，理论物理学家应该有什么特点。我回答是要有唐代诗人贾岛和温庭筠那样的素质。这里只谈贾岛，他有“苦吟”诗，其中两句是“独行潭底影，数息树边身”。独行之人本寂寞，贾岛不直写，却写水中无声息的倒影与之形影相吊；数次身靠树木歇息，茕茕孑立，只有树、独行人与其水中倒影相互慰借，但是，作诗也好，搞研究也好，看到“独行潭底影”是一种享受。

例如，在物理领域，爱因斯坦是个“独行潭底影”的人，1925年，他一个人开创三大领域的物理课题。他有独到的思想，无需旁人的掺和。

作为一个物理学人，我对“独行潭底影，数息树边身”的另一思考是：潭面的水究竟是光滑清洁的，还是些许浑浊的？如果是前者，光在潭面的投射处没有被向各方散射，故水面不可得见，横悬在清水面上方的树枝不会把影子投在水面。然而水若是浑浊不清有悬浮质点，便能在水面上将光线散射，就可以在水面见到树影，这与树的反射成像是两回事，后者在水底下的深度等于树的高度。从贾岛的“独行潭底影”，我猜测潭面是光滑清洁的。

贾岛在作出“独行潭底影，数息树边身”的佳句后，又作了另外几句诗句，曰：“两句三年得，一吟双泪流。知音如不赏，归卧故山秋。”其中后两句诗表达出作者在完成创作后，对读者的期待心理。而理论物理家对其提出的新理论希望能有实验支持。当有人问爱因斯坦“如果广义相对论所预计的光线在引力场中弯曲没有被观测日全食所证实，你会作何感想？”时，爱因斯坦回答说：“那我只能为亲爱的上帝感到遗憾。”

我的朋友何锐附和道：“有了‘独行潭底影’的诗思，就可以领略到一个人独处也是一场奢华的盛宴，我们可以与天籁和鸣，与万象共处，青青翠竹皆是法身，郁郁黄花无非般若。人心在至纯至净之时，才会将心底积蓄的能量发挥到极致。”

多年前，我曾在马鞍山李白的陵园中，看到贾岛(号浪仙)的墓碑被推倒在地上，不知是何时被砸坏的。想起洪觉范的《石门文字禅》中的“与君来游秋满眼，闲行古寺西风晚。道人兴废了不知，但见游人来读碑”，不禁潸然泪下。当时我还怀疑，贾岛如何那么巧在死后与李白(号谪仙)埋葬在同一个地方呢？后来，偶尔读到清代诗人乐钧的江行杂诗“天门烟树对江分，山外青山隔暮云。好是诗人埋骨地，浪仙坟旁谪仙坟”，才相信这是真的贾岛的墓碑。

贾岛一生不得志，但得到韩愈的青睐，韩愈与他推敲诗文。贾岛对此感恩戴德，后来韩愈被发放到潮州，贾岛作诗寄相思：“此心曾与木兰舟，直到天南潮水头。”就是这么一个对中国文化有贡献、为人讲义气的古人，与他相隔一千多年的又没有任何瓜葛的后代人也要摧残他，推倒了他的墓碑，应了他曾写的诗句：“怪禽啼旷野，落日恐行人。”贾岛以后，明代的文学家桑悦(1447—1503)写过一篇《独坐轩记》，内容比较有哲理，但何如“独行潭底影”浪漫兮！

110
物理专业学生如何看待数学

在我看来，数学家都是有天赋的人，我们大多数学物理的即使数学再好，也难望其项背。所以，我在读高中时，尽管数学成绩也不错，但还是报考了物理专业。

读了一点普通物理力学后，觉得自己选物理专业是选对了，因为物理讨论的是关系到人类生存空间的大问题，如月亮为什么不掉到地球上来，太阳为什么晒不死人等。但我对数学还是很敬畏。

数学家创造了他们赖以自许的游戏规则，不少公理与逻辑足以使我们眩晕。所以当我偶然得到一本《量子力学原理》，读到狄拉克符号的完备性感到懵懂时，曾有过去请教华罗庚先生的想法，他当时在科大工作。但这只是空想而已，我一个大二学生，怎能见到誉满全球的华先生。再说了，那时的我，连在校园里远远见到年级指导员都会两股颤颤、急于躲避，又怎会有勇气去拜谒著名数学家呢?!

不久，又听高年级的学生说，在量子力学发展史上，冯·诺依曼认为狄拉克对量子理论的数学处理在某种意义下是不够严格的，冯·诺依曼通过对无界算子的研究，发展了希尔伯特算子理论，弥补了这个不足。对于冯·诺依曼的这个贡献，与他同时代的诺贝尔物理学奖获得者威格纳曾做过如下评价："在量子力学方面的贡献，就足以确保他在当代物理学领域中的特殊地位。"

那么，我想的问题是否冯·诺依曼已经注意到了呢？那时，没有机会看到他写的《量子力学的数学基础》，所以我执着地想要真正理解狄拉克符号的完备性，不如考虑更深一点的问题，即考虑ket-bra两者不对称情形下的算符积分问题，如果后者解决了，前者也就自然明晰了。

可是我只有大二的水平,实变函数等都不懂。万般无奈下,我只能相信自己的物理直觉,放弃依赖数学家的想法,不从已有的高深数学书寻找答案,放松数学家所要求的严密性、公理化,代之以采用合理的、实用的工程师的思维,最终提出了有序算符内的积分理论,不但揭示了狄拉克符号法更深层次的美,而且符合经典力学向量子力学过渡的路径简单性原则。

我深信我的新方法是正确的,因为它符合狄拉克所说的:“物理学理论都应该具备数学美。”它也印证了爱因斯坦所说的:“在所有可能的图像中,理论物理学家的世界图像占有什么地位呢?在描述各种关系时,它要求严密的精确性达到那种只有用数学语言才能达到的最高标准。”

如今,我在校园里遇到熟悉的数学老师,不免要建议他们了解一下我的理论,学习这一牛顿-莱布尼茨积分的新方向和新算法,但他们不为所动,真是隔行如隔山也。于是,我就写了一本《量子力学算符Hermite多项式论》以自我陶醉,书中把埃尔米特(Hermite)多项式的宗量x换为坐标算符,引出了一大堆算符公式,我的算符排序新方法有望用在编码学中,这是用物理方法解决数学问题的范例。

如今国际上学习和跟踪研究我的论文的人“与年俱增”。有的人甚至说,如果狄拉克还活着,他会感谢我发展了他钟爱的符号法。

于是,我潜心写了《数学物理的量子力学观》(待出版)这本书,以飨读者。他们可以看到物理学家的睿智与数学家的天赋各有千秋。

111
学研理论物理的偈语

偈语者，佛经中的唱词。偈语是佛法之本，若将佛经比作树干与青柯，那么偈语是果实与花朵。一般来说，每首偈语背后都有一个故事，而成为僧人顿悟的美谈。

著名偈语有唐代高僧惠能大师《菩提偈》："菩提本无树，明镜亦非台。本来无一物，何处惹尘埃。"

还有的偈语体现了幽默，值得我们物理人借鉴。例如，得心禅师行脚至一村乞食。村中人皆浇薄，尤多恶少年，语师曰："村中施酒肉，不施蔬笋，果然饿三日，当备斋供。"至三日，请师赴斋，依旧酒肉杂陈，盖欲师饥不择食以取鼓掌捧腹之快。师连取鸡蛋数个吞之。说偈曰："混沌干坤一口包，也无皮血也无毛。老僧带尔西天去，免在人间宰一刀。"众人相顾若失，遂供养村中。

我欣赏和专研理论物理凡50年，偶尔也看些关于禅的书。有一次，一个学生问我："优秀理论物理文章的标准是什么？"

我给他指了一篇短文章读："昔王丹吊友人之丧。有大侠陈遵者，亦与吊焉；赙(用财物助人办丧事)助甚盛，意有德色。丹徐以一缣置几而言曰'此丹自出机杼也'，遵大惭而退。今学士之文，其能为王丹之缣者，几何哉？"

那学生又问："以禅师的眼光怎样刻画学研理论物理这件事，您能以一句偈表达吗？"想了一会儿，我以白云禅师(不是近代人，不知其生平详细)的一个偈语作答："蝇爱寻光纸上钻，不能透处几多难。忽然撞着来时路，始觉平生被眼瞒。"学生说："我不能明白其意。"

我说偈一般是不解释的，由人自己体会(其实，我是可以拿自己发明有序算符内的积分方法为例作解释的。我年轻时，为了对狄拉克ket-bra符号积分，用多种手段试了十几次，历时五六年，终于撞对了路，始觉狄拉克符号体系背后还有更深刻的东西，而以前被瞒过了）。

那学生继续问："那么您的这句偈背后的故事是什么，能否一讲？"

我答："说起苍蝇，人皆讨厌之。然古时有记载苍蝇替人治病的事：

诸生俞某久病，家赤贫不能具医药。几上有医便一册，以意检而服之，皆不效。有一苍蝇飞入，鸣声甚厉，止于册上。生泣而祷告曰："蝇者应也灵也。如其有灵，我展书帙，选方而投足焉。庶几应病且有治疗乎。"徐展十数页，其蝇瞥然投下，乃犀角地黄汤也。如方制之，服数剂得愈。

这就是理论物理偈语背后的故事。

那学生似有所悟，道谢而去。

112
选学物理的动机

曾有中学生家长问我，我在考大学时是如何选择报考志愿的，说我的各门功课都优秀，何以最终选择物理呢？

确实，我的文科成绩也很好，作文也因文笔新奇而多次得到语文老师表扬，也能学着写诗，尤其喜欢琢磨古文。我更知道物理知识太活而难以驾驭，曾写诗：

提笔作文易，问天脉象难。
惯背古人诗，怯近数理关。
体销衣带宽，思滞茅草填。
似金惜光阴，未使光速缓。

但最终选择报考物理专业却是受了韩愈一篇短文《题李生壁》的影响。为了说清楚这个缘由，现录此文的前半部分于下：

余始得李生于河中，今相遇于下邳，自始及今，十四年矣。始相见，吾与之皆未冠，未通人事，追思多有可笑者，与生皆然也。今者相遇，皆有妻子，昔时无度量之心，宁复可有！是生之为交，何其近古人也。

其大意为：我最初认识李平是在河中府，现在相遇于下邳，从认识到现在，已经十四年了。最初相见的时候，我和他都还未成年，不知道人情事理，现在回想起来有许多可笑的地方，我和他都是这样啊。现在相遇，我们都已有了妻子儿女，以前毫无拘束、率性而为的那种心态，现在(我)哪还能再有呢？(然而这次)李平对我的款待、和我的交往，(却)和古人是多么接近啊！

我读了这一段，对照自己的“未通人事”与“无度量之心”毅然选择报考物理专业，因为在我看来，学研物理最接近自然，少受世俗约束，适合我的本性。如今回想起来，自己是做了一个正确的选择，尽管我现在时不时地还做些迂腐可笑的事情，也偶尔感慨人世沧桑。

那么，我为什么不选择地质专业呢？它不是教人更接近山水吗？这是因为我放不下优美的数学，物理所需的数学比地质学科所需的多。

今者我的毕业生来访，在我面前仍能毫无拘束、率性而为，难道不是愉快的事吗？

那么，为什么现代年轻人少有学习物理的呢？

如今的中学生报文科的多，报理科的少。除了考大学文科志愿生沾光的原因外，我想主要的原因是理科学起来太苦了，理科需要你一生的精力付出，你必须苦行僧般地保持对自然原理的锲而不舍的追求。有多少人能坚持下来呢？所以有些人临到后来，与其说是物理学家，不如说是南郭先生呢。

不少人现在注重享受眼前之福。依靠物理学家奠定的电磁、光学理论和量子理论，生产商和电商已经贡献了电视、手机，提供了大众在网上购物、抢红包的娱乐等。正如爱因斯坦所说："我们这个时代产生了许多天才人物，他们的发明可以使我们的生活舒适很多。"处于舒适状态的学生是很少愿意吃苦的，稍稍遇到困难，就抱怨物理难学了。

再则说，严肃的物理学家常常为跟不上新物理的"趟"而自责，当洛伦兹看到新的发现打破了古典物理学时，他感到遗憾的是，他为什么不在旧的基础崩溃之前死去，他不愿意为旧的物理唱挽歌。这样的境界(为追求真理而生)世上几人能达到呢？

以上我的看法也许是错的，悉听指教。

113 谈慎用类比法

物理不断取得进步的途径之一是采用类比法。例如,电学的库仑定律类比万有引力定律,狄拉克将量子力学的基本对易关系类比经典力学的泊松括号等。类比讲究贴切,刘勰在《文心雕龙》中写道:“比类虽繁,以切至为贵。”类比还能体现“物虽胡越,合则肝胆”,即是说,某物与相比之物,虽相隔胡越两地,而善比之人,能将它们如肝胆那样,自然契合。

但是类比不是证明。

二战期间,美国组织一大批科学家造原子弹,其中有不少从欧洲逃难出来的科学家。政府为了对造核武器保密,给每个从外国来的人起了一个化名。物理学家威格纳来自匈牙利,他的化名是温斯顿。有一天,研究所的卫兵在大门口拦住威格纳,他不相信威格纳这个人就是温斯顿,于是要求排在他后面的一个人作证。

此人是来自意大利的费米,卫兵也不认识他,但是费米对卫兵信誓旦旦地说:“我证明他的名字是温斯顿,就像我的名字是华伯一样。”于是,卫兵放他们进去了。

我写到这里就搁笔了,读者可以从费米做的类比中体会到物理学家的幽默吗?

114
谈“大匠不示人以璞”

古人有云:“大匠不示人以璞。”意思是说,好工匠不把没有经他雕琢好的玉石拿给人看,盖恐人见其斧凿痕迹也。例如,唐代诗人杜牧就焚烧掉自己以前得意而眼下又不中意的诗稿。不少大书法家和名画家也以此为准绳,严谨不苟,为了使得自己的作品终古不废,弗中意之作不见人。近代大画家吴冠中临死前将他不满意的作品都撕掉了。

但是大科学家诚不必如此,他们敢于承认自己的愚蠢。例如,物理学家玻尔访问苏联时,由栗弗席兹担任翻译。当有人问起关于玻尔的研究所为何人才辈出时,玻尔答道:“我敢于当着年轻人的面承认自己愚蠢。”另一举世公认的聪明物理学家施温格(自学成才,善解物理难题)曾建议其一个学生在学位论文的某行计算中补充一项。那个学生马上反驳道这样的一项是不能加入的,因为从宇称守恒的角度来看是禁戒的。施温格敲敲自己的脑袋说:“我真愚蠢啊。”

然而,并没有人以为他们曾愚蠢过。这是为什么呢?

一方面,因为在物理科学方面,没有人能做到什么都懂。山外有山,天外有天,人外有人,已知外又有未知,物理大师们深谙此理。再则,人在探索的过程中几乎没有不犯一点错误的。

另一方面,在某一个问题上束手无策、承认自己愚蠢会起到抛砖引玉、激励后人的作用。不是吗?我也常在学生面前露自己的不足,请求他们帮助。

115
理论物理推导的美学特点

中国科大建校有60年了，科大能“恩被后代，泽荫槐庭”，是先师的恩泽，我写一篇纪念我老师的文章吧。

我的座师阮图南先生，他的理论推导功底强，从基本点出发，一推就是几十页。而且字迹工整，绝无些许草率。

我从事量子论的研究也有50个年头了，觉得理论物理的形式推导有一些美学特点。

(1) 推导有气势，如奔马绝尘。既能往而不住，也可勒缰缓行，欣赏行径风光。又如飞泉直泻，隧引洞穿，以鉴风月。

(2) 推导形式清空，空不异色，妙有禅机。

(3) 起点于高屋之建瓴，看似荒寒耸建，却气韵生动，寻味无穷。

(4) 体现非法之法，变幻精奇，却天然去雕饰，无斧凿之痕。

(5) 推导雅健清逸，有神韵骨骼。

(6) 推导简净，却偶有奇趣，浑生别意。

我自已在用有序算符内的积分技术推导时，如倪云林所说：“作画不过写胸中逸气耳。”

内容不能脱离形式，好的传世物理理论，其形式一定是美的。老子在《道德经》中关于“美”是这样写的：“天下皆知美之为美，斯恶矣。”今人对这句话的解释有多种，可能都要超越老子的本意了。就像对于一首诗，人有不同理解那样。幸好，并不是天下所有人都知道美之为美。例如，只有很少数人能懂麦克斯韦方程组的美，能理解狄拉克方程的美，能体会我发明的有序算符内的积分的美等，所以不用担心“斯恶矣”。

那么什么是最高境界的推导呢？我以为是“寻之无端，出之无迹”的，它在脑中演绎，如爱因斯坦思考广义相对论。

116
物理公式的口述与默写

前不久为一名大二学生辅导电磁学，我对他说准备考试光用心去理解和记忆还不够，还要练习默写物理公式，如高斯的电通量公式、安培环路公式等。这样才能在考卷上顺畅地答题，留有时间思考。最好是一边默写一边口述（或想象）其物理意义。例如，在默写高斯定理时自述：作一个封闭球面将穿出的电位移矢量都收拢在一起（积分），拢在一起的量肯定与球面所包含的全部电量成比例；而在默写安培环路公式时可以想象一根电流像一条蛇那样从一个圆环中窜出，环上的“气场”与流强成比例。学生时期的公式默写也是为将来写研究论文练基本功，所谓拳不离手，曲不离口。我的老师阮图南推导公式淋漓酣畅，行云流水，字字珠玑，就是得益于他常常默写公式的习惯。

我在默写公式时，偶尔会妙笔生花，能于不急煞处转出别意来，此时突然一个念头袭来，一个移项、一个配方、两个公式一比较等小技，都可能带来意想不到的效果，化境顿生。例如，我在默写海森伯方程时，忽然将它与薛定谔算符比较，就想出了不变本征算符理论（已成专著），它给求某些周期量子系统的能级带来方便。默写时，要释烦心，涤襟怀，才有可能忽有妙会。

清代学问家曾国藩说读书与看书不同：“看者攻城拓地，读者如守土防隘，两者截然两事，不可阙，亦不可混。”他认为看书为汲取与扩充知识范围，需用心去领会，而读书只是为了防止遗忘，读的功能仅在于背书了。然而，当我们用自己的领会来复述（复读）时，那就有更上一层楼、尽收眼底的视野了。

117
理论物理之推导

自从被国务院学位委员会评为博士生导师以来，陆陆续续带了几十个理论物理博士。记得有个一年级的博士生曾问我："范老师，我们每天要做有关物理的数学推导，十分曲折与辛苦，而且很多情况下推导没有结果，如何才能避免这些就有物理想法呢？"

我说："推导，推导。"

这是个禅语形式的回答，他当时不能契悟。如今，他已经是某个高校的知名教授了，除了政治学习，还是每天推导。

想起英国的狄拉克曾说(大意)：通向深刻物理思想的道路是靠精密的数学开拓的。

又联想起禅宗中的一个故事，有一个和尚问睦州禅师："我们每次要穿衣吃饭，如何能避免这些呢？"睦州回答："穿衣吃饭。"这和尚大惑不解地说："我不懂你的意思。"睦州回答说："如果你不懂我的意思，就请穿衣吃饭吧。"

推导是"下学"。古语有"下学而上达"，明朝的王阳明这样说："夫目可得见，耳可得闻，口可得言，心可得思者，皆下学也；目不可得见，耳不可得闻，口不可得言，心不可得思者，上达也。如木之栽培灌溉，是下学也；至于日夜之所息，条达畅茂，乃是上达。人安能预其力哉？故凡可用功，可告语者，皆下学。上达只在下学里。凡圣人所说，虽极精微，俱是下学。学者只从下学里用功，自然上达去，不必别寻个上达的工夫。"

推导如剥竹笋，皮壳不尽，真味不出。

以前读《西游记》，从未想过，为什么取经三人名字叫悟空、悟能和悟净，而且悟空的本领远高于悟能和悟净？现在悟出这些命名有禅意。而理论物理学家为了悟，就要推导，推导。推之，推之,鬼神将通之。

孔子的“从心所欲不逾矩”原是描述个性和谐发展的金玉良言。“从心所欲”的“欲”及“不逾矩”的“矩”本来是一对矛盾的两头。让欲望顺其自由的徜徉吧,只要不越过规矩就好,孔子的意思就是这样的吧。我以为,一个优美的物理理论,当我们在演绎它时,充分发挥自己的才智,潇潇洒洒,在推导之路随心所欲地行来,觉理中有神,头头是道,荡气回肠。

对于初学者,他们推导什么呢?有人说是苏联物理学家朗道给他的研究生定的八门理论物理书,通过推导积理成富,以后在科研中才能不假思索,左右逢源。我却以为根据需求有的放矢地看书才能使推导事半功倍呢!

118
理论物理取经路上的磨难

40多年来,我写了一些论文,我评价论文的标准是其推导是否顺畅,公式是否优美。有美驻颜的文章耐看,有价值。人以为我写论文容易,其实不然,撇开我放弃娱乐和休息挤时间写作的因素不说,我写论文也常受挫折,有时纠结得寸肠欲断。正如狄拉克所指出过的那样,人们渐渐忘记了探索中走过的弯路与崎岖之路,而只把成功的一面在物理刊物上公示,于是旁观者以为写科技论文不这么难。

在这里,我总结了写物理论文所经历的坎坷,可以说是荆棘丛生。

(1) 选题自觉不错,演算也能磕磕绊绊地进展,可临到最后,或是建立起来的方程无解,或是方程组中的方程间自相矛盾,或是推导的结果物理意义不明确。做了几天,一堆算稿十几页,隔一天回看,如隔三秋,每个公式重新看一遍,那时刻心如乱麻。

(2) 一般得到一个较有价值的结论,都需想出另用一个办法检验,但却不能如愿。

(3) 算了好长时间的东西,过几天想想,只需三言两语就能解决,原问题一下子变成是天真、平庸的了。

(4) 看别人的文献,原以为有价值,看完才意识到不值当读,浪费时间。

(5) 做论文期间,盯着的目标渐行渐远,慢慢地模糊了。想换一个角度思考,却是死胡同一个。

(6) 隐隐地觉得有结论可得,却不透脱,欲弃之,却又执着,放过又不愿,进退两难。尤其是已经算得的一堆草稿如何处理,扔掉可惜,保存吧,也不知何时再去处理它。

(7) 一个课题进行到半途，曙光依稀可辨时却被别的事情打搅而暂停。过一周许，再着手做，已经忘却了不少。

(8) 自觉论文有真贡献，投出后却遇到了一个不称职的审稿人，胡搅蛮缠叫修改，很不情愿地又花了不少时间去顺应他，明知道他无理，却又不敢反驳他，否则论文只好晾一边去了。

(9) 算出一个结果，似是而非。百思不解推导的谬误在何处。晚间睡不踏实，在脑子中演一遍过程，十分疲乏，也未必能到柳暗花明的那一村。

(10) 晚间一觉醒来，思想清新，忽有好主意，即顺着想下去，想到后来，却忘记了思路的源头，所谓"白云回望合，青霭入看无"，惆怅万分。

(11) 便是到了论文被初步接受发表时，还要把得到的重要公式再演算一遍，把物理结论咀嚼一遍，才放心去发表。

以下是我的做论文叹：

其一

解题遭困思绪乱，意马不服静夜栓。

好似窗外落寞雪，风里飘摇徒打转。

其二

数络游丝梦里生，道是虚空又似真。

自从辛苦起一经，何尝有眠到酣沉。

其三

说梦容易续梦难，人生几度似梦魇。

不付睡眠时段足，梦里析题苦作甜。

其四

思路逶迤又蹉跎，技穷计短怎奈何？

谁言过桥船自直，风高月黑涡旋多。

唉，文章憎命达，有轻松饭吃的人会选择我这一行吗？

话说回来，研究理论物理可以迎静气、养性情、涤烦襟、释躁心。在一篇可传世的论文中，读者可见正气隐跃毫端，想到文如其人。

119
我怎样理解量子理论的必然

有一次去外校讲学,未及正题前我问听众:“诸位想想为什么一定会有量子理论出现?”

甲不假思索道:“牛顿力学只能描写宏观物体,谈到微观世界就需量子力学。”

乙顿了一下说:“因为物质有波粒二象性,所以有量子力学。”

其他人众未置可否,也许皆以为然吧。但其实甲、乙的回答都只是似是而非的回答。

我说,量子力学的奠基者之一狄拉克曾写道:“寻找量子条件的问题不具有这样的一般特征……它反而是一个,随着每一个被要求研究的特定动力学系统一起出现的特殊问题……获得量子条件的比较一般的方法是经典的类比法。”但这也不好理解。

于是我说,量子力学理论是聪明人自由思考的产物。我这里不说量子的出现如何源于普朗克思考的前前后后的历史,也不讲德国人如何从观察钢水的颜色和温度的关系发现了量子的物理背景。请允许我循其本源。

我说:“量子力学是为了适应和描写自然界的生-灭现象而出现的一门学科。”

我看到了听众中颇有惊讶和不解之脸色。

我接着说,牛顿力学和拉格朗日-哈密顿的分析力学只能描写物体运动规律,不涉及自然界的生-灭这一无时无刻不在发生的现象。例如,雷电光的闪和灭,把闪电归结到正负电荷之间的放电是电磁学的一大看点,但只是浅尝辄止,还有更深刻的课题可研究。谈到生-灭,就有“不生不灭”说,注意不是“不灭不生”。这表明生和灭是有次序的,对于特指的个体,终是生在前,灭在后。我们人类的每一员也是如此，先诞生，后逝世（这里排斥人的因果轮回说）。因此，当把生-灭用算符来表示，即有产生算符和湮灭算符之区别，两者是不可交换的。注意到产生算符×湮灭算符只是个“数”算符（把一物体从口袋里拿出来再放回口袋中的操作相当于数一下），而“湮灭算符×产生算符（在口袋里产生一物体后再取出来，则手中就有一物），就可以理解“湮灭算符×产生算符－产生算符×湮灭算符＝1”。啊，这就是量子力学的基本对易关系。根据普朗克将光描述为电磁能在一组电磁谐振子中的分布的思想，就可把数算符×能量子与谐振子的哈密顿量视为同1，于是就可将产生算符和湮灭算符的不可交换性转化表达为振子的坐标算符和动量算符的不对易，即微观粒子的位置和动量不可被同时精确地测定，所以量子世界的坐标-动量测不准关系就是“不生不灭”这句禅语的必然结果。基于生和灭是有次序的思想，容易理解爱因斯坦的观点：“从一个点光源发出而分布在空间的光，不是连续分布在越来越大的空间区域……”

这印证了清代桐城派姚鼐所说的：“文家之事，大似禅悟，观人评论圈点，皆是借径，一旦豁然有得，呵佛骂祖，无不可者。此中自有真实境地，必不疑于狂肆妄言，未证为证也。”

所以量子力学就在我们身边，只是难以意识到而已。例如，很少有人会问：“太阳为什么晒不死人（与杞人忧天之忧虑相似）？”普朗克给出了其解答，即任何有限的能量体系都不能有过多的高频电磁振子存在。

所以量子力学从数学的角度来看，就是处理算符的学科。当我们用算符排好序的眼光研究量子世界，那就可以用正态分布来描写它了，但这是需要借助数学式表达的后话。我就此打住吧。

以上是我的陋见，博君一哂。

120
狄拉克《量子力学原理》：涓涓知识流的源泉

《量子力学原理》这本书在不少物理学家眼里是抽象、不好懂得的，不宜初学者读。就连爱因斯坦念起来也费劲，埃伦费斯特也曾畏难之。他们花几个小时才能领悟其一个知识点。正如冯·诺伊曼所说的那样，此书的简洁是很难超越的。吴大猷则说，书中的东西不知是怎样想出来的，不可捉摸。

其实，此书脱胎于分析力学（泊松括号、哈密顿力学、作用量等），奠基于表象及其完备-正交性，故而其立意高，既能熔海森伯矩阵论和薛定谔波动论于一炉，又能化波粒二象性的“矛盾”于无形，其不好懂的地方恰是提供了值得钻研的机遇。例如，狄拉克书中提到$1/X$和奇异函数（Delta函数）有关，这就启示有心的读者去研究$1/X$，这里X是坐标算符；去研究$1/r$，r是径向坐标算符，等等。X可以用产生算符和湮灭算符来表示，那么$1/X$怎样用产生算符和湮灭算符来展开呢？又如，狄拉克在书中建立坐标表象和动量表象，那么有没有纠缠态表象呢？有没有坐标-动量中介表象呢？若有，它又有什么应用呢？书中又指出，泊松括号对应算符对易关系，那么经典力学的正则变换如何简捷地过渡到幺正变换算符呢？例如，经典光学中的菲涅耳变换，其相应的量子幺正算符是什么呢？$|x\rangle$变成$|x/2\rangle$的正算符又是什么呢？

狄拉克符号还提供了发展牛顿-莱布尼茨积分的新课题，即对ket-bra算符如何积分的研究方向。以先进的数学开路，物理概念就有机会跟进深入，这是发展理论物理的一个途径。

狄拉克符号已经成了量子力学的语言，狄拉克自认为这是永垂不朽的。一代又一代的物理人通过读《量子力学原理》聪明了、成长了起来。

大物理学家费恩曼从狄拉克的《量子力学原理》中悟出了路径积分理论，所以他告诫说，读大科学家的原始著作，才能完全明白他们何以伟大。

《量子力学原理》是涓涓知识流的源泉，饮泉尝淡泊，淡泊才能体会简洁，才能滋润和纯化理论物理学家的心灵并使之聪颖啊！

121
研究量子论：
“单挑”还是“团队攻坚”

量子信息和通信，还有量子计算机都是诱人的科学憧憬，吸引了诸多人的眼球。那么人们研究量子论的方式，是“单挑”还是“团队攻坚”好呢？

要回答这个问题，还是纵观量子论的历史吧。

普朗克在研究黑体辐射时孤身一人提出量子。

第一次世界大战，德布罗意在法国当气象兵时，观察帐篷外的青蛙跳入池塘中荡漾开去的水波，得到启发，提出波粒二重（象）性。

海森伯因病，形单影只在一个岛上养病时提出以后被玻恩改进的矩阵力学。

薛定谔在一位女性的陪伴下提出波动力学。

狄拉克在自个散步时想到量子对易括号应是泊松括号的对应。

提出自旋的乌伦贝克、古德斯米特两位科学家的研究成果，曾受到洛伦兹的反对。

费恩曼自个从作用量出发提出路径积分的量子力学。

这些人并没有组成团队去攻坚，而是“难关单骑挑”，但其勋业永垂不朽。

所以，研究量子论并不是在什么声名显赫的研究中心和薪金高的地方就一定出重要成果，要知道林子大了，什么鸟都有，有寒号鸟，有自己不做窝而抢占鸟巢的鸟，还有学舌的鹦鹉，还有……

122
简谈量子力学理论的美

除了不接受量子力学的概率假设以外，爱因斯坦还曾对英费尔德说起，从美学的观点看来，量子力学是残缺不全的，不能令人满意。英费尔德认为爱因斯坦对自然界的美感和对科学理论的美感是交织在一起的。

另外，爱因斯坦和埃伦费斯特又一起研究和学习狄拉克的符号法，觉得比较难。狄拉克自己也认为他对量子力学的阐述比较抽象，尽管能反映物理本质。

其实，狄拉克的符号法用有序算符内的积分理论可以明显地体现出美来。例如，连续表象的完备性可以表达为数理统计中的正态分布形式，它是产生和湮灭算符正规排序下的高斯型，所以很简易、很美；对于不对称的ket-bra符号积分，更可以给出一些漂亮的结果，而无需用李群和李代数的知识。爱因斯坦如果泉下有知，应该对量子力学理论的美有些赞赏的话吧。

也许可以这样说，如果不知道有序算符内的积分理论或未做一些有关的运算，那么就像一个游客买了逛量子园地的门票，少看了一些景点，抑或是“宫墙数仞不得其门终外望”。有序算符内的积分理论也应了爱因斯坦这样的一句话：“一切理论的最高目标是让这些不可通约的基本原理尽可能地简单，同时又不必放弃任何凡是有经验内容的充分表示。”

123

物理学家要自己发展数学

在通向深刻物理思想和概念的道路上需要先进的数学作为推进器，历史上，很多大物理学家包括爱因斯坦都意识到了这一点。如今的大学《数学物理方法》教科书也基本上是循着数学家的思维模式而编写的。

然而，时代进展到高科技，数学家和物理学家的思路的间距和隔阂似乎变宽了，有时甚至到了话不投机半句多的地步。数学家有他们特殊的思维模式与关注对象，物理学家及不了数学家的天赋，所以物理学家在万般无奈中只好自己发明数学。例如，狄拉克发明了Delta函数，开始得不到数学家的认可，后来却被他们发展为分布论，并得了一个Firtz奖。现在看来，要是没有Delta函数，量子力学的表象理论就建立不起来。实际上，Delta函数还充实了傅里叶变换的内容，帮了数学家的大忙。狄拉克关于电子的方程也是数学家难以企及的，其简明符号所表示的方程有时比人还聪明。

狄拉克应量子力学之运而生了符号法，如今已经成为量子力学的语言，可是这套符号，数学家却懒得理会，这也难怪，所谓道不同不相为谋。所以对于狄拉克ket-bra符号积分的任务只能落到物理学家的肩上。而要解决这个问题，需要新思路，这就是有序算符内的积分理论。

有了这套理论，可以极大地发展数学物理方法。例如，发现原有特殊函数的新母函数，发展牛顿二项式定理和负二项式定理，发明新的特殊函数，提出新的有广泛物理应用的数学变换及表象等。

“不识庐山真面目，只缘身在此山中”。在有些情形下，只有跳出原有的数学思维模式，物理学家才能前进。

124 大学生如何高效做物理习题

“学而时习之”是成才的必要途径。“习”泛指预习、温习、做习题等。那么大学生如何高效地做习题呢？要知道物理题无常形，故做题人以常理(物理定律)去规摹之，不可不谨慎也。常形之失察，止于失察而不能病其全，但若常理用之不当，则举废之矣。要取对常理，我的经验是：

(1) 先消化课堂或课本相关内容，得其大意。具体的做法是：摘其重点，察其要义，从容玩味此段物理源起、结煞处之深意，脑中并演其推导之势和法，如过电影场景一般。势者，思源之高屋建瓴者是也。

(2) 入“电影之境”后，方可下笔计算，心游神会，泛澜容与原有知识，不离不弃。

(3) 解题毕，再玩味所得结果之物理意义和量纲，并与估算比较，以肯定结果合理。

(4) 尝试从别的角度解题，也许能看到新的物理。

不要小看做物理习题这件事，以为很平凡，要知道“看似平常最奇崛”的道理。我在年轻时就给自己出题，对于如何做不对称的ket-bra算符的积分，我连续思考了好几年才想出来办法完成。

125

谈量子论的一路独门功夫

在金庸的武侠小说里各路人马、四方好汉都很重视武侠理论，常为一本武功秘籍（如《武穆遗书》《葵花宝典》等）反目成仇、剑拔弩张，拼个你死我活。他们以为有了这独门武功就可以称霸武林，唯我独尊。但是，想称霸的人往往因野心膨胀而不得善终。在金庸笔下，反而是那些“无心插花”的忠厚人偶尔得了正果，继承和发扬了前辈的独门功夫。古代的独门武功传说有杨家枪，关羽的拖刀计，岳飞的回马枪等。

何谓独门？只此一家之说也。与此同义的是：“独步天下，谁与为偶！”（见《后汉书戴良传》）例如，某位前辈（如张三丰）自创“某式太极拳”拳法超群，有独到的功能。而在学术界能称得上是“独门武功”的，必须是在这门学科基本已经定型的情况下，突然冒出的一个新方法，为行家始料不及者。

在20世纪末写量子力学书的作者都认为量子力学的理论框架已经完全定型，甚至每个具体问题都已经有了典型和标准的处理方法。那时，量子力学书籍已经汗牛充栋。可是，学术界没有想到一个中国人居然想出了有序算符内的积分理论，发展了狄拉克的符号法，使得量子力学的理论框架可以更深刻地被阐述，而且不少具体问题有了新的处理方法，更有许多新问题应运而生。这着实在宁静的水面上泛起了一片涟漪。有识之士以为有序算符内的积分理论确是一门可以让量子力学“舒筋活络”的功夫，就像一幅山水画气韵生动，让人看到了烟云缥缈，听到了水流潺潺。

前不久逝世的英国物理学家霍金在1995年11月13日纪念狄拉克式时指出：“在现行量子力学的三个奠基人中，海森伯和薛定谔的功劳是他们各自看到了量子理论的曙光，但是狄拉克把他们看到的交织在一起并揭示了整个理论的图像。”有序算符内的积分理论是使得狄拉克的图像更加清晰的有用的功夫。

对于新理论当然可以置若罔闻，束之高阁，这就像我不学太极拳一样。历史上，独门功夫因为其独特，容易被人占为已有而得不到传播，故而也不一定能得以传世，所谓“波欲远播岸驻节，笋逢烟雨窜个长”也。

如今我已经过了70岁，这套独门功夫已经有人传承，感慨如下：

忧思忙碌却为何，庙里吃斋也是过。
意气书生迫寒窗，落难公子失帕罗。
放眼洪荒孚物理，琢磨时空陷觉错。
回顾闹心七十载，中有十年在蹉跎。

126
理论物理学家:从写境到造境

因郁闷而投湖自尽的王国维临死前也许还在心中营造视死如归的意境。他的《人间词话》给后人留下了永久的思考。作为一个爱古诗的理论物理工作者,我多次读他的这本书,对他的诗词境界说很佩服。但也有不解之处。王先生说:“有我之境,以我观物,故物皆著我之色彩。无我之境,以物观物,故不知何者为我,何者为物。”又说:“有造境,有写境。”“造境”就是“有我之境”,而“写境”属“无我之境”。他举例说“泪眼问花花不语,乱红飞过秋千去”为有我之境,是造境。“采菊东篱下,悠然见南山”是写境,为无我之境。

乍一看来,两个例句中皆有诗人身临其境,为何王先生认为陶渊明的这两句诗中“无我”呢?我不太明白,似懂非懂。

终于有一天,我觉悟到“悠然”是不经意的、无所用心的,“采菊”也是手到擒来的自然动作,故为无我。而“泪眼”是有浓重感情色彩的,“乱红”也是诗人的意念加工后的心象,所以说是造境,是有我之境。

联想到理论物理学家是为自然写意的画家,也有写境和造境的区别吧。

例如,玻尔的原子轨道论是经典图像,尽管塞进量子化条件,也还是一种写境。海森伯用矩阵力学才是造境。德布罗意的波粒二象是写境,直到薛定谔提出波动力学才是造境。海森伯和薛定谔都煞费苦心地把自己投入到研究的漩涡中,故而是进入“有我之境”。

写境和造境是相对的,比起前人你也许在造境,待到后人超越了你,后人看你只是写境。例如,狄拉克的符号法和表象理论是量子力学的写境描述，为后人提供了造境的机会，如有人另辟蹊径地发展了ket-bra符号本身的数学。

纵观物理史，如德国物理学家马克思·冯·劳厄(Max von Laue，1912年发现了晶体的X射线衍射现象，并因此获得诺贝尔物理学奖)指出的那样："在物理学历史中总是一再出现两种一直完全互不相干的、由两类不同的研究者所关心的物理学思想范围，例如光学和热力学，或者是伦琴射线的波动理论和晶体原子理论，它们不期而遇并且自然地相结合……物理历史的理想必须是把这样的事件尽可能明晰地刻画出来。"所以理论物理学家在同一个时期要造两种境。

清代桐城派学人方东树说："若不能自开一境，便于古人全似，亦则是床上安床，屋上架屋耳，空洞是也。"幸运的是，我发明的有序算符内的积分理论有别于以往的对普通函数的积分理论，自开深远之一境，别有气象。

127
谈成果积累

近20年来,我陆续出版了十几本专著,是我50多年来从事科研与教学的心得,是在积累成果的基础上写就的。只有有见地的选题研究才有可持续性,可写的论文才可能如涓涓细流、自成干渠、聚水成库。成果积累不是1+1=2,而是积水可成广袤汹涌之势,有望再次突破某个缺口。

一个人的科研工作如果没有成果积累,那么他的工作即使不是偶然性的,也很难持久和扩大。系列成果的形成,意味着这些成果的内涵有根有基,有长远的价值,要么它们来自同一个科学思想或理念,要么基于某一方法创新,贯穿成链,成了一门学问,就像科苑里种植了一棵大树,枝叶繁茂。已故的中国科大的老校长严济慈就鼓励学子们将来能在科苑里种一棵树。实际上,对于一个科研人员来说,成果积累意味着他掌握了新的思想、技术或某种科研模式,并且使之成为以后新发现或新发明的生长点,有望形成学派,甚至开拓出新的前沿领域。科学史上,某些学派的长盛不衰,以及父子、师徒、夫妻获得诺贝尔奖的事例时有发生,这些正是成果积累的必然结果。

论文的价值需要时间的检验,成果的积累(写书)也有利于后人的检验。不断地受验证,就会普及。

成语"厚积薄发"中,"厚积"指大量地、充分地积蓄,"薄发"指少量地、慢慢地放出。成果积累得越多,被后人学习传承而薄发的机会越大。而且,能积累的成果往往是有美感的,容易被欣赏传承而进一步积累。不美的东西人不爱看,即使看了也记不住。我创造的有序算符内的积分理论是美的理论,在抒发它时积累了系统的成果,越来越多的人乐意了解并掌握它,继而发扬之。

128
谈写专著之难

50多年的研究生涯中，我陆陆续续地发表了若干SCI论文，现在老了，心游太古无为境，诀授常新不老书，该把这些“孤文”“串”起来成书了吧。“串”其实是一种整理思想、提纲挈领的过程，即便有丰富的内容可写，也需要闭户潜修、扪心思索。我把知识看作是一条蜿蜒的河流，寻远脉，观起伏，聚百川，汇洪流。具体写作时，意到即笔，不予滞留，并随身带一小本，用著于录，常阅新注，以备温故。

古人云“纵横正有凌云笔，俯仰随人也可怜”，专著必须是作者自己的研究心得，有另辟蹊径、推陈出新、别开生面之特点，与别家的书无相似处。内容决定形式，具备了以上三个特点，作者才能在写作时行云流水、逻辑严密；作者才会有自信，相信专著所叙述知识有长远的学术价值和普及的教育意义，才会笔耕不辍。写《齐民要术》的贾思勰说他写书的宗旨是：“花草之流，可以悦目，徒有春花，而无秋实，匹诸浮伪，盖不足存。”这也是我著书的原则。

与改写普通的教科书有所不同，写专著需要抽象功夫，但也应该考虑到读者的理解能力，数学推导一定要能引导读者渐入佳境。有些重要的推导，我要做几遍才放心将其纳入书中。

自1997年以来，我写了约20本专著，写作中自始至终按照杜甫的“毫发无遗恨，波澜独老成”的要求，其工作量可想而知，哪里还有什么时间去申报各种诱人的奖项，想着让人夸好颜色呢！

129
新符号的引入和灵活使用

西方科学家有云:“好的方程比人还聪明。”我以为好的方程源自实用的符号,新符号的引入可以使人走过“柳暗花明又一村”的境地,物理思想和概念会随着新符号的运用而明晰起来,因为通向新物理的道路和物理公式的推导是相辅相成的。

有的符号有个体意义,如$\delta(x)$、电场E、磁场B,也有的符号只是在帮助别的符号时才有意义,如tr,det等,或是说具有操作别的符号的意义。另有一些符号则只具有标志性的意义,如正规乘积,它是“罩在”别的算符上的“外衣”,在其内部的玻色算符可以交换位置,符号的重排在量子力学理论中常起微妙的作用,可以使得算符函数形式变幻而其实质不变,从而有许多新应用,如真空投影算符的正规乘积表示$|0\rangle\langle 0| =:\exp(-a^{\dagger}a):$,它在建立新表象时作用独到。我曾创造了威格纳编序的新符号,使得威格纳算符呈现为“披上这个符号外衣”的δ函数,能有效地发展量子相空间理论,简洁地阐述了量子层析原理。

物理公式就是对一些有实在意义的符号加上合适的运算符号,如麦克斯韦方程就是散度、旋度和梯度符号对电场E、磁场符号等开展运算的方程。符号在某种意义下就是语言,对物理符号开展新的运算往往也是一种另辟蹊径的科研工作。例如,量子力学的语言是狄拉克符号,我曾对不对称的ket-bra符号提出积分运算,并发明了多种新方法,得到了意想不到的结果,尤其是开拓了发展牛顿-莱布尼茨积分的新思路。说明灵活使用符号也会促进科学进步,发展和丰富人的认识论。

灵活使用新符号会导致美丽的新方程的出现,我将有序算符内的积分理论用于狄拉克符号,导出了不少新方程。狄拉克经常谈到应该优先寻找美丽的方程，而不要烦恼其物理意义。物理学家史蒂文·温伯格对此曾有评论："狄拉克告诉学物理的学生不要烦恼方程的物理意义，而要关注方程的美。这个建议只对那些于数学纯粹之美非常敏锐的物理学家才有用，他们可以仰赖它寻找前进的方向。这种物理学家并不多——或许只有狄拉克本人。"

130
谈物理之难学

晋代的陆机在《文赋》中写有:"体有万殊,物无一量。纷纭挥霍,形难为状。"这是讲文体的多变。依我看来,也能描述物理研究的特点。

格物者,从实入微,从微趋彰,因彰至畅,制畅以约,调约以和,征实于理。故格物致知难矣:

其一难:物有表同而质异,亦有表异而质同。耳目之感,未必真相;肌肤之觉,未尝不惑;逢境缘偶,未尝不谬。

其二难:物之理,直而能曲,浅而能深,须思而得之。而当今研理之人,内心所悟,时有壅塞,只能曲碎论之。

其三难:物理涵盖宇宙,包罗万象,而学研之人,多歧亡羊,寻虚逐微,不能详察形候,通而彻之。

其四难:物性活,非人之应变能及,难免渐以因陈,胶柱鼓瑟。

其五难:理学,艺术也。不能以艺术观究物理,殆也。故一齐之傅功高,众楚之咻易杂。

嗟乎,理学之难精难和,由来久矣。唯不存功夫行迹之心,才偶有所得也。

孔子曰:"学而时习之,不亦说乎。"这句话最适合物理学者,即便是一个成熟的理论,他们也还是要结合现实琢磨琢磨,始而戛戛乎其难也,忽而勃勃乎其进也。其难也,一似重有忧者;其进也,也不觉何以说也。此其意,旁观者初不之知也,则试以问之,学而时习者。

回顾理论物理,之所以它能成为一门独立的学科,其始于伽利略的思考方法,后经牛顿、拉格朗日、哈密顿、麦克斯韦、玻尔兹曼和量子论的缔造者(包括爱因斯坦)等大师的集成,其间付出的智慧常人难以想象，能不难学乎！就拿我发明的有序算符内的积分理论来说，从某种意义上来讲，许是“雕虫小技”吧，之所以能成为理论物理学的一部分并写入量子力学教科书中，因为它实在是平凡中蕴藏的不易察觉的美啊！

131
物理理论的平淡和肤浅

文学家林语堂曾写道:“平淡最醇最可爱,而最难,何以故?平淡与肤浅无味只有毫厘之差。”梅圣俞诗:“作诗无古今,唯造平淡难。”例如,陶渊明的“采菊东篱下,悠然见南山”平淡得后人学不来。物理上何尝不是如此呢?杨振宁先生说狄拉克的文章是“秋水文章不染尘”,玻尔则称狄拉克是物理学家纯洁的灵魂。

宋代文学家兼政治家王安石说:“看似平常最奇崛,成如容易却艰辛。”平淡中孕育着奇崛和深刻,所以难,所以与肤浅有天壤之别。物理大家威格纳曾说:“如果我的工作在有些人看来是平庸的,我并不在乎。”“在我的整个生涯中,我发现最好是寻找这样的物理问题,其解答看起来原本是简单的,而在具体做的时候会揭示出这样的问题常常是很难完全处理得了的。”事实上,威格纳一生用群论研究量子理论的对称性,后来得了诺贝尔奖。

简洁、平淡的东西最能体现艺术,也容易被记忆、被传承。例如,狄拉克符号平淡得紧,但成了量子力学的语言,狄拉克自豪地称它是永垂不朽的。

平淡的东西是“潭影空人心”,不起眼,不招风,然“空即是色”,有丰富的内涵。我有幸从司空见惯的狄拉克符号$|x\rangle\langle x|$出发,很“平庸”地将$|x\rangle$变成$|x/2\rangle$,旨在积分$|x/2\rangle\langle x|$,结果是“无心栽柳柳成荫”,发展出一套有序算符内的积分理论,有广泛和深入的应用。我又将本征态的思想推广到本征算符的情形,将薛定谔算符和海森伯方程这两样看似毫无关联的东西结合起来考虑,提出不变本征算符的方法,给求能隙带来方便。

有觉悟的人的标准,就是他能把事情看淡了。照如此说,著名的物理公式都是平淡的。

在简洁、平淡的物理文章和公式面前，不少人掉以轻心。如金圣叹在评点《水浒传》时写的那样：“今人不会看书，往往将书容易混账过去。于是古人书中所有得意处，不得意处，转笔处，难转笔处，趁水生波处，翻空出奇处，不得不补处，不得不省处，顺添在后处，倒插在前处，无数方法，无数筋节，悉付之于茫然不知，而仅仅粗记前后事迹，是否成败，以助其酒前茶后，雄谭快笑之旗鼓。”

要知道“古人著书之艰辛，每每若干年布想，若干年储才，又复若干年经营点窜。而后得脱于稿，哀然成为一书也”。

132
谈作为SCI论文评阅人的素质

我从事科学研究50多年了，投过不少论文到SCI期刊，当然也有义务为那些期刊当别的投稿者的论文评阅人或仲裁者。我评阅别人文章能通过的标准是：观点创新、鲜明，物理结论明确、有意义；或是解决了难题；或是有另辟蹊径的数学方法。文章所解决的问题并不一定很大，即便是一个小问题，作者若能解得一个圆满的结果也可以推荐发表，更不用说是简洁而有美感的文章了。

作为一个评阅人，要对期刊负责，感谢其信任；更要对作者负责，感念他从酝酿到成文的辛苦。负责的意思是两面的，既不让一篇错误或无意义的文章露面于期刊，也不让真正好文章的作者的汗水付诸东流。评阅人要有宽广的胸怀，看见别人的精彩要自发地赞一声好，既不要有文人相轻的门户之见，也不要有龌龊阴暗的嫉妒之心。要"平生不解藏人善，到处逢人说项斯"。历史上，爱因斯坦推荐印度人玻色的文章，无种族藐视之狭隘；推荐德布罗意之文更是不遗余力。要是没有爱翁的鼎力相助，德布罗意之文就不会受到薛定谔的重视，波动力学恐怕要推迟若干年才会问世呢！

但是，事实上，投寄出去的论文常免不了有如下的遭遇：

(1) 期刊编辑不予受理，找个理由说你的论文不适合其期。有的"高傲的"杂志编辑，不会马上拒绝受理，而是过了几个月才回函说你的论文"投错了地方"。

(2) 审稿人看不懂你的文章，又害羞说不出口，吹毛求疵地提出一些不是问题的问题来难为你。

(3) 某杂志的主编为诺贝尔奖得主巴丁抱不平，说那个审定巴丁文章不适合发表的审稿人有心理问题,因为能拒绝诺贝尔奖得主的文章,他感到很过瘾,说明自己水平比诺贝尔奖得主还高。

(4) 审稿人先是说你的文章可修改发表,提了一些无关紧要的意见要你解释或充实,待到你按他的意见修改完,那个审稿人又不同意推荐发表了,拒绝的理由是“莫须有”的。这种“捉弄”行为,反映了那个审稿人有心理障碍,见不得人家的好。

(5) 审稿的意见都是同意发表了,而主编不同意。去信申诉后,才不得不给发表。但从此以后我投寄那个期刊的文章就不予受理了。

(6) 还有一种审稿意见是教条式的,适用于任何待审稿件,那就是“摘要和结论过于简单”“引言部分介绍工作意义不够”“对结论的涵义阐述分析不够”。而牵涉文章具体内容的意见呢,一条也没有。

133
论量子算符排序的积分方法

科学从某种意义上来说是为了改善我们的思考方式。量子力学普朗克常数的发现要求我们以能量分离的观点看待微观世界，这已经是金科玉律了。但据几十年的研究经验，我认为除此以外，还要用有序的观点去分析力学量算符，这是因为量子力学理论建立在一组基本算符的不可交换的基础上。按照奥地利物理学家马赫的观点：把作为元素的单个经验排列起来的事业就是科学，怎样排以及为什么要这样排取决于感觉。马赫称作为元素的单个经验为“感觉”。算符的排列有序或无序，其表现形式不同，感觉有差别。量子力学就是排列算符看好的科学。

说起有序，空间事物排列的有序使得人眼观察一目了然，信息量的摄入就多；相反，杂乱无章给人脑中留下一片狼借。事件的时间排序突出事情的轻重缓急。

生活中需要排序的事情不胜枚举。例如，在超市排队买东西付账；运动员比赛（淘汰赛）前抽签，两个顶级高手抽签的结果正好是在第一轮就相遇，其中一个被淘汰出局，这样的排序是很不公正的；整理书架，是按内容排序，抑或按书的购进日期排序，还是按书名的汉语拼音排序？为此，数学家研究出了一些排序算法。计算机也是靠编程序才有生命的，冯·诺伊曼发明了“合并排序”来编写计算机的程序，以提高编序的效率。

而量子力学的算符排序问题需要物理学家自己解决，因为物理学家与数学家的思维方式不同。在量子力学中，由于两个基本算符不可交换，排序问题尤为重要。譬如，光的产生和湮灭这两个相辅相成的机制虽然类似于硬币的正、反两面，以概率出现，但就某一个个体而言，生和灭是有次序的，光子的产生算符a^+和湮灭算符a之间遵循“不生不灭”的顺序（注意不是“不灭不生”），这就有$[a,a^+]=1$。这个对易关系和辐射的“不生不灭”机制也许可以用来作为我们阐述量子化和量子光学的来源。要探索新的光场，就要构建量子光场的密度算符，如果不按某种方式排好序，它是不露真相的，因而新光场不易被察觉、被研究琢磨。

光场的密度算符的复杂性用数学家的常规方法很难被排成正规序或外尔序的。为了摆脱困境，我用量子力学表象完备性结合积分的排序方法给出了一套算符排序互换的积分公式。对于某个算符函数，按照我的公式只需做一个积分就能完成算符排序的任务。不但节约了大量的时间，而且发现产生算符和湮灭算符按正规排列起来的空间可以导致测量坐标的正态分布律，而这恰是狄拉克的坐标表象。在哲学范畴，表象是事物不在眼前时，反映在人们头脑中的关于事物的形象。从信息加工的角度来讲，表象是指当前不存在的物体或事件的一种知识表征，这种表征具有形象性。有序的排列使这种形象性更加鲜明。例如，坐标投影算符$|x\rangle\langle x|$用正规排列的玻色算符表示出来就是$:\exp[-(x-X)^2]:$，是高斯型。

光场的很多物理性质只有在算符排好序后才能计算出来。例如，有序算符内的积分方法结合辛群结构能将多模玻色算符函数排好为正规序，由此求出了多模混沌光场的广义玻色分布。

再则，量子谐振子的本征函数厄密多项式的阶数也是按自然数的大小来排序的，阶数越高，其函数形式越复杂。但是，我发现算符厄密多项式在正规乘积化以后就呈现为x的幂次形式了。可见量子理论的丰富多彩。

写到此，我想起奥地利物理学家玻尔兹曼说的："一个物体的分子排列可能性决定了熵的大小。举例说，如果某个状态有许多种分子排列方式，那么它的熵就很大。"量子算符函数有多种排列方式，所以其"熵"也很大，即可研究的内容很多。例如，数学中的奇点$1/x$，在$x=0$处函数值发散至无穷大。但是，我发现，当把x替换为量子力学的坐标算符后，就可以用有序算符内的积分方法将它展开为有意义的算符幂级数，可见奇点用量子力学理论来研究会别有一番风味。

那么，我是怎样想到要把研究重点放在量子算符排序上并想出有序算符内的积分方法的呢？实际上，我从小看《水浒传》就对梁山好汉一百零八将的排序感兴趣，能背诵三十六天罡星，七十二地煞星。排序的标准是谁的武功高、贡献大谁排在前。后来我注意到在山寨内，这一百零八人不分彼此，都是好兄弟。譬如武松和杨志，两人在二龙山落草时，杨志是二头领，武松是老三；而在梁山上，武松排名在杨志前，但他俩并不在乎这一变动。又如孙立排在解珍、解宝后也毫无怨言。而对山寨外宣布这一百零八人的地位有高有低，人有尊有卑。这种情形相当于在有序记号内(山寨内)，无所谓排序，产生算符和湮灭算符可交换，而要"挣脱"有序记号(山寨外)，就必须排好次序。这个想法引导我利用表象的完备性把复杂的算符写成有序记号内的积分，在记号内基本的算符因可以交换次序而被视为普通数，于是积分就可以进行了。不但丰富和发展了量子统计力学，而且提出了算符的二项式定理、算符厄密多项式理论等。

在量子论诞生100周年之际，物理学家惠勒写了一篇文章，题目是《我们的荣耀和惭愧》。荣耀，是因为100年中，物理学的所有分支的发展都有量子论的影子。惭愧，则是由于100年过去了，人们仍然不知道量子化的来源。

现在，有了有序算符内的积分方法——一种简捷而有效的算符序的重排理论，它可以将经典变换直接通过积分过渡到量子幺正算符，把普通函数的数理统计算符化，它使我们在数学上对量子化的来源有了较深入的理解。诸位学习量子力学想得到真知的，不可不掌握这个方法啊。

134
雅俗共赏的物理学

在科学的诸多分支中,物理学是最能达到雅俗共赏的。这是因为人生活在时空中,时空的存在本身就孕育着挑战性极强的物理问题。而且,生活中处处有物理,就是你弯腰举足之间、放眼月亮之望、坐车行轨之劳、饮食吐纳之中都有物理可言。例如,人都知道,坐公交车要是遇到急刹车易撞到别的乘客,这是惯性在起作用,而不关德性。

再则,历史上的神话与物理是休戚相关的。例如,后羿射日与太阳能有关,夸父逐日与时间有关,嫦娥奔月与引力有关。唐代有个诗人叫韦庄,就写过这样的诗句"若无少女花应老,为有姮娥月易沉",暗示了重力的存在。神话反映了大众心之所系,所以物理是雅俗共赏的学科。

实际上,大众是十分关心新物理的。例如,伦琴刚发现X光时,就有人向伦琴发来订单,要求购买一磅X光,并尽快交货。一家英国公司马上登出广告,销售"防X光"的妇女内衣。有的地方提出议案,要求禁止在剧院使用带X光的观剧望远镜。有的医生还说用X光能拍出人的灵魂。所以物理知识一旦普及,雅俗皆可赏。这也就是为什么物理学家卢瑟福经常说:"一个物理理论,仅当它也能够被酒吧女招待员理解时,才算得上是好理论。"可见,物理学家有责任将"高雅"通俗化,为大众接受。例如,物理学家费恩曼就喜欢将"高雅的"物理知识说得简单,很多学生都喜欢听他讲课。又例如,电磁学的麦克斯韦方程组享在高雅之堂,把它说成动电生磁、动磁生电(电动机和发电机)就雅俗共赏了。爱因斯坦和因费尔德写了《物理学的进化》,也是为了让大众了解并懂得相对论。

物理学最能达到雅俗共赏，也体现在爱因斯坦作为物理学家是最能让人雅俗共赏的科学家，比起大数学家希尔伯特来大众对爱翁要耳熟能详得多。

爱因斯坦本人，也经常提出一些雅俗都可以讨论的问题。例如，河流为什么越来越弯曲？当自由下坠且封闭得严严实实的油灯从灯塔上掉下来时，为什么火焰在灯没有着地前就熄灭了？为什么半湿的沙土表层很结实？

雅诗中偶有简明的物理思考。唐代的方干写过这样的诗句："卧闻雷雨归岩早，坐见星辰去地低。"为什么雷电容易聚集在岩巅？又为什么晚间看星觉得它们离地近呢？

就连"青山依旧在，几度夕阳红"这两句雅诗都有物理可说，夕阳为什么是红的呢？明代的杨慎在感叹这自然景色和人生苦短时，大概也想到了物理吧，难怪他写了《东流不溢》这篇论文呢！

总之，物理理论之高雅脱于通俗，又须归于通俗，如果做不到这一点，那么其雅也是空中楼阁也。

135
量子力学狄拉克符号法的化境

学过量子力学一些基础理论的都知道薛定谔方程和海森伯方程,也听说过以他俩名字各自命名的表象。知道了这些就是进入了有别于玻尔老式量子论的新境界,或者称为“稳境”。但就理论物理的要求来说,到达稳境还不够。正如,哈密顿力学是牛顿力学的化境,从局限于对质点的坐标和动量的观察飞升到研究势能和动能,发现了哈密顿函数和拉格朗日量,见到了泊松括号的规律。于是,英国物理学家狄拉克生逢其时,激流勇进,提出符号法,使得量子论达到出神入化的奇妙境界,已臻化境,既能反映德布罗意波粒二象,也涵盖薛定谔表象和海森伯表象。狄拉克能够发明这种抽象却简明的符号,就是因为受了泊松括号的启迪,这就是从经典力学化境飞升到量子力学的例子。

因对弱电统一理论有贡献而得诺贝尔物理学奖的萨拉姆受教于狄拉克,他曾好奇地问老师:“您认为什么东西是您对物理最大的贡献?”狄拉克答道:“是泊松括号(与量子力学对易括号相对应)。”这说明狄拉克充分意识到了哈密顿力学的化境意义。

化,即千变万化、化有形于无形等。故一般而言,化境是指在某方面的成就达到了相当高度。武侠小说中大侠的武功已臻化境,手脚功夫自成一家,而且对“武”的理解、对气功的运行等也是“道可道,非常道”。任何本已身体力行的、未系统学但见识过的或未尝目睹过但有耳闻已稍有感觉的武功、招式技能,都可以信手拈来、行云流水,既可以把各种武功的精髓化为一体,又可以随心所欲地亮相各个门派。

从上述狄拉克的小故事我们可以领悟到化境的另两层意思:一是见到“柳暗花明又一村”,二是已经化境的东西更易“飞跃”,

就像神话故事中菩萨化成佛。

狄拉克符号法是量子力学的语言,该语言造就了一种意境,让读者看到符号以外的境象,一个想象的空间。狄拉克说:“符号法在将来……当它本身的数学得到发展后,就会有更多的应用。”中国学者发明的有序算符内的积分理论起到了让狄拉克符号法进一步化境飞升的作用,即到达更奇妙的境界。故知道狄拉克符号而不懂用有序算符内的积分去操作之,为未入胜境耳。

136
三分理,七分推

语文教育家如叶圣陶等都提倡“三分诗,七分读”,读(朗诵)是为了增强语感,语感是一种语文修养。他们认为,朗诵得体,可以使本来很平常的诗增色不少。在诗歌欣赏的整个审美过程中,要想真正领略一首诗的内容和艺术价值,必须反复朗读。因为古人认为气载声以出,声亦道气以行,从而得到精神意象。

尽管我在念高中时,看到过语文老师朗读韩愈的古文。但由于我没有认真去朗诵过任何文章或诗,所以对于“三分诗,七分读”这种说法理解不深。相反,我以为对要理解的诗如能和它一首,也许掌握得会更加深刻些。

“三分诗,七分读”,这句话所在的原文见宋朝周密的《齐东野语》。大意是:有一个人仰慕苏东坡的大名,拿了自己的诗朗读给苏东坡听。读完之后问苏东坡他的诗能得几分,苏东坡说可得十分,这个人非常高兴。接着苏东坡幽默含蓄地说:诗作本身并不佳,只能得三分,而朗读得很精彩,可得七分。后世的人引用这句话时,已经抛开它的讥笑源头而转义了。

物理理论也是诗,也有诗般的美,那么为了深刻理解物理公式如麦克斯韦方程组,是否也要朗诵它们呢?

当然不,因为朗诵是抒发心情,是开放式的,而物理理论本身是隐含玄机的,直而能曲,浅而能深,看似轻巧,实重千钧。优美物理理论的一个标准是“从心所欲不逾矩”。对于抽象的理论,空墙落日,朗口读句无益于开导人心。所以只能靠反复地、多角度地推导之才能理解,从数学公式的推导中体会物理意义。数学有其本身展开逻辑思维的能力,能引人入胜,曲径通幽。在推导时,勤思考,往往有新灵感不期而至,有新见识被灵眼觑见,便于此一刻被灵手捉住。

故曰:三分理,七分推。

137
理论物理学家的首要本领

有学生问我,什么是理论物理学家的首要本领?

我想了一会儿答:“从错杂的现象中排除次要的不予考虑或将其作为次级因素观之,捋出有根本重要意义的东西着意研究,这是大本事。”

这就好比观赏落日的色彩,五彩缤纷,错综变幻,如晚明文人王思任所描述的那样:

落日含半规,如胭脂初从火出。溪西一带山,俱以鹦鹉绿,鸦背青,上有猩红云五千尺,开一大洞,逗出缥天,映水如绣铺赤玛瑙。

日益曶,沙滩色如柔蓝懈白,对岸沙则芦花月影,忽忽不可辨识。山俱老瓜皮色。又有七八片碎剪鹅毛霞,俱黄金锦荔,堆出两朵云,居然晶透葡萄紫也。又有夜岚数层斗起,如鱼肚白,穿入出炉银红中,金光煜煜不定。盖是际,天地山川,云霞日彩,烘蒸郁衬,不知开此大染局作何制。

上文的大意是:山含落日像半圆,宛如胭脂刚从火中取出。溪西一带群山呈现鹦鹉绿、鸦背青之色。其上空有猩红云一大片,中间开一大洞,露出淡青色的天空,倒映水中,像锦绣上铺着红色玛瑙。

天空越来越昏暗,近处沙滩变成浅蓝、灰白色,对岸沙滩则是芦花月影,一片朦胧难以辨识。群山也都成了老瓜皮色。而太阳落山的上空,又有七八片像剪碎鹅毛的晚霞,全是黄金锦荔色,逐渐堆出两朵云,竟然是晶透葡萄紫色。山中夜雾层层涌起,如鱼肚白,穿入出炉银红中,金光闪闪。此刻,天地山川,云霞日彩,烘蒸郁衬,好像一个大染坊,但不知要染什么。

王思任于是赞叹“始知颜色不在人间也”,但不知色产生的原因。而英国物理学家瑞利就抓住了一个有根本重要性的问题研究,即天空为什么是蓝色的?

瑞利发现,色是光学现象,属于散射的一种情况。分子散射光的强度与入射光的频率(或波长)有关,即四次幂的瑞利定律。正午时,太阳直射地球表面,太阳光在穿过大气层时,各种波长的光都要受到空气的散射。其中波长较长的波散射较小,大部分传播到地面上。而波长较短的蓝绿光,受到空气散射较强,天空中的蓝色正是这些散射光的颜色,因此天空会呈现蓝色。

理解了天空为什么是蓝色的,其余的貌似难题的色的错综变幻问题就迎刃而解了,如落日为何是红的,云彩为什么色泽丰富等。写到此,我不禁想起在武夷山夕阳西下时写的一首小诗:

人立黄昏意疲衰,霾锁山巅久不开。

忽听一声鸟雀噪,金羽飘出墨云来。

我在研究形形色色的量子光学的态时,抓住了用有序算符内的积分表达相干态表象的超完备性这个根本问题,从而使得量子光学理论有了推陈出新的表述。

细心的读者也许会继续问:“如范老师所说的这种本事确实应该是一个好物理学家应有的素质,但为什么您说这是首要本事呢?”

要知道:“物理学的任何一个分支,都能吞噬人的短暂的一生,要学会识别出那些能导致深邃知识的东西,而将其他置之不理。”这是爱因斯坦的观点。

138
物理理论的创造缘起

近代物理成为一门学科缘起于伽利略，因为他首先贡献了正确的思维模式。几十年来，我时常挂念着一个问题，为什么物理上的诸多规律由爱因斯坦一人包干？枚举其主要成果有：

他是相对论创造者和$E=mc^2$的发现者，相关论文有《论运动物体的电动力学》《物体惯性与其所含能量有关吗？》；他又是量子论的先驱和教父，《关于光的产生和转化的一个启发性观点》一文解释了光电效应；他又解释了布朗运动，论文有《根据分子运动论研究静止液体中悬浮微粒的运动》，同时期还发表了《测量分子大小的新方法》；后来他又破天荒地提出广义相对论，为一生巅峰之作，开创了现代宇宙学。

爱因斯坦其他的贡献有：提出量子纠缠；预言激光的产生机制；建立固体物理理论的爱因斯坦模型，解决低温比热容趋于零的矛盾；预言玻色-爱因斯坦凝聚。

爱因斯坦乃轻外物而自重者，是圣人，非圣人不知圣人，如非豪杰不知豪杰，非奸雄不知奸雄也。爱因斯坦的思考有如下特点，他的见识是常人难以企及的：

(1) 他注重感觉经验（记忆形象和表象）之间的联系的理解，提出构造性理论（例如他解释布朗运动的理论）。他认为物理学家不能简单地把对理论基础的批判性的深沉思考交给哲学家，以他发现的质能关系$E=mc^2$加以说明。在狭义相对论提出以前，能量守恒定律和质量守恒定律是彼此独立的，是爱因斯坦将它们“融合”成了质能守恒定律。

(2) 他善于从感觉经验中（复合和总和）抽象出概念，这是他自由意志的产物。他明确什么是原始概念，发展出原理性理论。

他认为物理基础不来自对经验的归纳。概念建立的过程比理解概念更难。例如,他说:“狭义相对论这一发现绝不是逻辑思维的成就,尽管最终的结果同逻辑形成有关。”

(3) 他善于将相互关联的概念排序,并赋予一套有规则的陈述,明确科学体系的层次。例如,他说:“在法拉第-麦克斯韦这一对同伽利略-牛顿这一对之间,有着非常值得注意的内在相似性:每一对中的第一位都直觉地抓住了事物的联系,而第二对则严格地用公式把这些联系表述了出来,并且定量地应用了它们。”

我认为这些就是爱因斯坦创造物理理论的缘起,远不止于通常所述的格物致知。这与文学创作的“因缘生法”迥然不同耳。

诚然,爱因斯坦不是万能的,在理论物理方面,他不善于纯粹依靠数学来取得重大成果,在这方面,他逊于狄拉克。

139
论科学思维方法的难以传授

前文《物理理论的创造缘起》中我分析、介绍了爱因斯坦的思维模式，那么后人能学到吗？

我会遗憾而又断然地说："不能。"为了说明这一点，我先举吴昌硕评任伯年的话一例："任伯年先生，画名满天下，予曾亲见其作画，落笔如飞，神在个中，亟学之，已失其意，难矣。"

因为大匠能施人规矩，不能使人巧。物理的任务在于窥探天机，此落实在物理人的自悟。爱因斯坦的神机巧思，后人聪明但不能企及。我以为一个好理论的孕育，如同妇人怀孕结胎，十月之内，先具胚廓，渐成形骸，器脏百窍，一时毕备，绝非今日长一嘴，明日长一鼻式的嫁接。所以，企图按分离的思维模式来仿效爱因斯坦提出新理论，是徒劳耳。

再者，爱因斯坦性情淳厚，淡泊幽独，胸襟伟磊绝俗，也异于常人。古人有云："无至性之人难以入道。"性情与智慧在一个人身上是有机结合的，所以爱因斯坦的思维模式作为一个整体是学不来的。他的文章是信手拈得俱天成。

难怪，爱因斯坦的朋友、大物理学家玻恩说："在我看来，巧妙的、基本的科学思维是一种天智，那是不能教授的，而且只限于少数人。"玻恩提出量子力学的概率假设，而爱因斯坦不能接受，这件事本身不也说明了英雄所见略不同吗？他两人不能互教。

嗟乎，天下有不穷之学，而无不穷之教也。拿我发明的有序算符内的积分理论来说，我能教此方法本身给学生或同行，如梓匠轮舆教人规矩，但我没有能力教他们我是如何想到这个方法的。

基本的科学思维是"识"。明代李贽认为，有二十分见识，方能成就十分才。一个人的才和胆皆由识而济。

世人称:孔明与博陵崔州平、颍川石广元、汝南孟公威与徐元直四人为密友,此四人务于精纯,唯孔明独观其大略。指他未出茅庐便定三分天下(此是识)。爱因斯坦在物理界是有雄才大略的人物,有出众的才能。近百年来,有才的物理学家不算少,但有大略的[有物理眼光(识)的原创者]几千年才出一两个。吾辈怎学的来?想起苏轼曾写道:“天下几人学杜甫,谁得其皮与其骨。”

140
谈理论物理论文之贵

学习和研究理论物理需要抽象的理性思维，在这方面我们的先人颇为欠缺，他们以为用阴阳五行论就能解释一切，以为笼统的易学就是聪明的思维。所以在近代历史上我国的科研落后，陈见陋识比比皆是。就拿如今的理科学生来说，也还是不培养抽象的理性思维能力，表现在他们在学量子力学方面不注意了解海森伯、薛定谔和玻恩的想法是怎样形成的，爱因斯坦又是怎样与玻尔唱反调的。

相理论物理论文，何为贵呢？余以为应该从抽象的理性思维来分析：

（1）文贵奇。奇在创意突兀，辟空夺响。既无步趋形似之疑，也非意近能揣摩之。奇出于机，而机与禅通。例如，我在 *Ann. Phys.* 发表了《从牛顿–莱布尼茨积分到对狄拉克 ket-bra 算符的积分》一文以后，有位西方诺贝尔奖得主向自己的中国籍研究生打听此文章的作者范洪义是谁，因为他压根儿没有对 ket-bra 算符的积分的念头，不消说如何积分了。

（2）文贵淡。淡中有旨，如诗句“人家在何处，云外一声鸡”。淡出于真之至，全凭作者之本色，其创新似乎是不思而至，无斧凿之痕。如我写的《纠缠态表象》一文便是。

（3）文贵趣。物理之趣味难下一语以形容之，唯会心者悟之。爱因斯坦说：“在漫长的科研生涯里，我领悟到了一件事情：我们的全部科学，相对现实来掂量的话，都是简单朴素而充满童趣的，这才是我们拥有的最宝贵的东西。”

（4）文贵远。意境深远，有自然灵气，浩浩然远播于时空，延绵传世。

(5) 文贵悟。有点滴之悟，有一知半解之悟，有透彻之悟。更有朦胧之悟，至弥茫洞豁。

科研上珍贵的文章不多，一个人一辈子若有幸能写就一篇万世不竭的文章，足矣。

141
程颐-朱熹说与德布罗意波粒二象性的比较

北宋的思想家程颐曾写道："至微者理也，至著者象也，体用一源，显微无间。"对此，南宋的朱熹解释为："体用一源者，自理而观，则理为体，象为用，而理中有象，是一源也；显微无间者，自象而观，则象为显，理为微，而象中有理，是无间也。"

这段话使我想起爱因斯坦描述波粒二象性的一段话：

好像有时我们必须用一套理论，有时候又必须用另一套理论来描述(这些粒子的行为)，有时候又必须两者都用。我们遇到了一类新的困难，这类困难迫使我们要借助两种互相矛盾的观点来描述现实，两种观点单独是无法完全解释光的现象的，但是合在一起便可以。

爱因斯坦这段论述是否可以作为对程颐-朱熹说的一个恰如其分的诠释呢?

波粒二象性指的是所有的粒子或量子不仅可以部分地以粒子的术语来描述，也可以部分地用波的术语来描述，是微观粒子的基本属性之一。1905年，爱因斯坦提出了光电效应的光量子解释，人们开始意识到光波同时具有波和粒子的双重性质。1924年，法国物理学家德布罗意提出"物质波"假说，认为和光一样，一切物质都具有波粒二象性。根据这一假说，电子也具有干涉和衍射等波动现象，这被后来的电子衍射实验证实。

当然，程颐-朱熹说的是思维方式，并未涉及微观粒子的性质。而德布罗意-爱因斯坦把光子的动量与波长的关系式$p=h/\lambda$推广到一切微观粒子上，指出：具有质量m和速度v的运动粒子也具有波动性，这种波的波长等于普朗克常量h与粒子动量mv的比，即$\lambda=h/(mv)$。这个关系式后来就叫作德布罗意公式。显然，德布罗意波粒二象性非程颐-朱熹说所能预言也。

142
讲物理课的艺术

讲物理课与讲其他课目是不同的，因为它基于现象观察。所以若是讲实验则先说明该现象的特点，其重要性与普见性，追溯其历史，再说透原理。先设计和制备重现，再分解仪器组成、操作步骤和注意事项，以防弄坏设备。

若是讲理论，先要把实验观察如何上升为理论讲清楚，弄清这里须引进几个物理量，将它们之间的关系抽象为数学推导并最终得到公式或定律。

因为理论教学是强制性地引导学生接受知识，在某种意义上来讲是灌输，就像把一壶水灌到水壶中。在几十分钟的一堂课中，要有顺序地分别把几个知识点教授给学生，挖掘他们的联想能力，使之积累在以前的知识库中，非“灌输”不行。宛如强按着头喝水。我的经验是开讲后的几分钟内就要让学生佩服你，觉得你有经天纬地之才，有三寸不烂之舌，有科研经验，信服你，讲的效果才会好。

至于如何灌输知识呢？应是涓涓细流的方式，而非瀑布飞泻的方式。

(1) 开场白须启发诱导。在不经意的日常现象中找到科学话题，配以相关的历史、文学题材，或说些科学家的笑话使得话题轻松。

(2) 讲物理感觉，包括直觉和错觉。

(3) 重点须多次提及，环环相扣，伏笔法和蒙太奇法并用。

(4) 巧用类比，联想其他相关知识点。

(5) 及时回顾、小结、推广。

总之，讲课要简洁，要有自己的风格，讲的内容要高于课本的水准一点点。而要做到这些,做教师的自己须不断进修提高。因为教师自觉地用于授课的那些方法的集成,就是他理论修养的特征。讲课对于教师自己来说也有助于长进,所谓学必相讲而后明,讲必相直而后尽也。

143
论文发表的乐趣

前些时间，我和吴泽有一文发表，是首次求出有两个、三个有互感耦合的电容-电感回路的特征频率。发表后，我又再推导了一遍，确定正确无误后，才喜上眉梢。因为，这个结果也可以为实验工作所验证，而且我们用的方法也是自创的，有望出现在电磁学或电工学的教科书中。要知道教科书上的东西是有基本重要性，应该得以普及而长远传播的啊。

我还有一些成果有望记载在量子光学教科书中，那是关于相干态的理论进展，我通过相干态表象引入了算符，其经典对应是菲涅耳积分变换。我还提出光学理论中的一类新积分变换，它可以将双变量厄米多项式$H_{m,n}(x,y)$变换为一般的幂级数$x^m y^n$，其反变换则将幂级数变换为双变量厄米多项式，这样有趣的变换若能在光学成像中实现，其前景是诱人的，因为双变量厄米多项式是单变量厄米多项式的非平庸推广，在量子光学理论中有广泛的应用。

有人说，人做事情之乐，应在过程中，而不在结果中，似乎人不应躺在成果上沾沾自喜。我却以为此见识对科学家不适用，因为他们在长期研究过程中的辛劳最后夯实在其成果上，科学家的成果有益于大众和社会，普天皆乐，为何独科学家自己不乐呢？

我自小看科普作品，遗憾于书中科学家的名字都是洋文拼写的。何时中国人的名字也能出现在物理教科书中呢？如今我70岁了，我发明有序算符内的积分理论以发展狄拉克符号法，我提出并构造了量子纠缠态表象以补充爱因斯坦的量子纠缠论，它们的简洁和优美使得其有望出现在量子力学教科书中，那是多么令人快乐的事情啊。更何况,我的诸多成果和学业都是在中国的土地上完成的,足以证明,就科研来说,这里的“风水”也是好的。

人之乐,有多种。能与我同享这种快乐的,鲜矣。

144
潜意识在科研中的作用

我在年轻时，尚没有电子计算机，复印机也未普及，所以看文献时伴手抄。至今脑袋里模模糊糊的有手抄记忆的痕迹，造成了潜意识。它们藏在哪里，我不知道；它们有多重要，也是未知。可是，不知在猴年马月会在脑中一闪，给你灵感，变成你科研中重要的值得借鉴的东西。

这样的事情在大物理学家身上也发生过。如狄拉克，当他第一次读海森伯的文章时，他意识到算符之间的不对易是关键。在散步时，他的潜意识中唤起了对经典力学中泊松括号的回忆："……我已记不大清楚泊松括号是什么。我记不得泊松括号的严格公式，只有一些模糊的印象。但是我感觉到了令人兴奋的可能性……"于是第二天早晨，他去图书馆翻阅了《分析动力学》，找到了对易括号的类比——泊松括号。

今年，我写了一篇用两次泊松括号求解简正振动模式的文章，是在我15年前创造的量子力学不变本征算符的基础上完成的。这个潜意识在我脑海里潜伏了15年才冒出来。

我发明量子纠缠态表象的过程也体现了潜意识的作用。用有序算符内的积分理论，我构造了一个双模Fock空间的完备性关系，多月以后，脑中的潜意识才使我联想到爱因斯坦等三人在1935年的文章，这篇文章我曾翻译了抄在一个练习本中，对照以后，我才意识到我所建立的完备性关系正好是纠缠态表象的特性。正是踏破铁鞋无觅处，得来全不费工夫。

既然潜意识来无影，去无踪，如何保持它呢？我想，应该是经常保持独立思考的状态吧。我年轻时最喜欢的一首诗是清代查慎行的《舟夜书所见》：

月黑见渔灯，孤光一点萤。

微微风簇浪，散作满河星。

我的潜意识如同在月亮轮廓和黑夜背景上的孤光，这一点萤光离我很远，很朦胧。但它有散作满河星的潜能，让微风来吹拂它吧。

145
悟是物理理论进步的起端

古人曰:“悟者吾心也,能见吾心便是真悟。”说的是理解的重要性。对于同一件东西,不同的人也许有不同的理解。古人又云:“学问以澄心为大根本。”

而我通过自己的科研经历体会到悟是物理理论进步的起端。例如,我学量子力学,悟出:抓住自然界不生不灭这条显而易见的规则就可以理解产生算符和湮灭算符的不可对易性,从而求出真空投影算符的正规乘积形式,以至有序算符内的积分理论的诞生,把经典正则变化直接用积分操作映射为量子力学幺正算符。此所谓独家之悟,便有独诣之语。

又如在讨论算符排序时,我悟出将它与量子化方案结合起来考虑,即每一种算符排序规则对应于经典函数的一种量子对应,再用有序算符内的积分就可以方便地导出所需的算符排序结果。再如,我认识到玻恩的量子力学的概率假设可以用表象完备性的正规乘积算符排序之正态分布形式来理解,便事半功倍地发展了表象理论,构建了纠缠态表象。

所以说,学研中,博闻强识容易,床上架屋也易,通解彻悟困难,别出心裁更难,能将各种相互作用之理论统为一,如爱因斯坦生前想做的那样,难上之难也。可谓“云里烟村雨里滩,看之容易作之难”矣。

那么,如何培养悟的能力呢?我的经验是:

(1) 把物理理论看作是“诗境”,境象非一,虚实横生,故人之构思须贯穿众象而揣摩各种形式,辩学术直须穷到尽处。

(2) 推物理理论要结合数学(最好自创新数学,甚至引入新的数学符号),也须穷到尽处,从数学公式来悟物理意义。

(3) 如同看虚虚实实的山水画那样,以高远、平远和深远的观点窥探同一个物理公式的奥秘。自普通物理知识来理解理论物理原理那样自下而上地仰望称为高远;讨论与之平行或相似的理论称为平远;而揣摩物理公式的推广及演绎称为深远。

(4) 学着写诗,体会隐喻和比兴。

(5) 为人,外和怡而内谨立。如唐寅,身则诗人,犹有僧骨,悟性超人。

(6) 经常保持心静。如诗句“懒宜鱼鸟心常静”。

总之,悟性就像看山水画能听到水声,看画中人物似见有动,饶有趣也。

146
为孟祥国的《新量子光场的性质与应用》作序

孟祥国同志积累近十年学研成果写了一部专著《新量子光场的性质与应用》,让我来为他写一个序,我不胜荣幸。因为他出生孟子世家,有传统优良的民族遗风,加上他本人文质彬彬,谦逊祥和,勤学好思,为人忠厚,有情有义,所以我十分乐意应他之请,写下以下文字:

我初次认识孟祥国是在2004年,应王继锁教授邀请去聊城大学讲学时,他作为聊城大学物理系第一批硕士研究生,坐在下面认真地听讲。他聪慧好学,对简洁美很敏感,很快地理解了我所讲的有关有序算符内的积分法的要点,认识到这是一个取之不尽用之不竭的好方法。而且,很快地写出硕士毕业论文,并被评为山东省优秀硕士学位论文。孟祥国不满足于此,还专攻我的博士研究生,在博士求学阶段,他的物理感觉和数学功底有明显的提高,终于成为了一名优秀的青年理论物理学者。如今,他把近十年的学研成果精练为一本专著,具有系列性,值得同行借鉴与学习。学量子力学和量子光学的年轻人,不但要领会这本书的创新知识,而且要学习他求学做科研的踏实和坚持,因为这更是难能可贵的。

探索新光场是为了了解光的本性,我经历了五十多年的科研生涯,最惊叹的是光速不变这个基本事实。谁最早对光速不变这个事实情有独钟呢?是爱因斯坦,他天才般地意识到光速不变与时间的相对性有关。任何有质量的东西,其速度都是可以改变的。光速不变说明光子没有静止质量,也就没有惯性,随着光速走是不可能的,否则年龄就不会增加。只有在比光速小得多的宏观世界里,生活才会有“莫等闲,白了少年头”的感觉。

经典光学的发展史可以说是对光的本性探索的争辩历史，牛顿的光的粒子说和惠更斯的光的波动说相生相克，此消彼长，这期间菲涅耳和麦克斯韦力挺光的波动说。然而，柳暗花明又一村，到了普朗克发现了量子的时期，爱因斯坦对光电效应的解释使得光的粒子说重振雄风而为大众接受。待到汤斯等发明了激光后，不但爱因斯坦的辐射理论得以证实，而且发现了光的新的统计性质，经典光学升华为量子光学，出现了相干态、压缩态等新光场。但是，光的神秘感只被掀开了一角。迄今为止，人们还没有完全了解光的本性。所以这本书研究的新光场有助于我们对光的本性进一步了解，正如相干态使我们了解激光的本性，单模压缩态使我们了解光的反聚束和亚泊松统计分布，双模压缩态使我们了解连续变量的量子纠缠，等等。孟祥国介绍的新光场，一旦与实验相结合，有望展现光的新性质。让我们拭目以待。

著书立作是一件既艰难又辛苦的事情，首先要立意创新，其次是内容需正确无误。而有关物理理论的书更要求有前瞻性，物理结论明晰，数学推导简洁。欣慰的是，这些都在孟祥国的书中得到了很好的体现。写到此，我不禁感慨而凑了以下几句：

著书

著书强如填新词，此中甘苦有谁知。

只求百世千秋后，书论内容不过时。

是为序。

范洪义写于聊城大学东湖宾馆

2017年8月

147
我对理解量子纠缠概念的贡献

当今量子纠缠及其应用是热门话题,可谓"都来此事,眉间心上,无计相回避"。

早在2000年我就写过《量子力学纠缠态表象及应用》一书,书中用南唐李煜的句子"剪不断,理还乱"来描述量子纠缠。按照爱因斯坦的观点:"理论科学家正被迫在愈来愈大的程度上依赖纯数学形式的考虑……"我对量子纠缠的理解便是从我建立纠缠态表象开始的,可以说是"别是一般滋味在心头"。

学过量子力学的人都知道坐标表象和动量表象,它们实际上反映了波粒二象性。坐标本征态和动量本征态都是理想态。鉴于两个粒子的相对坐标和总动量是可以同时测量的,所以它们相应的算符有共同的连续本征态,我首先给出了它在Fock空间的显示形式,并用我创造的有序算符内的积分理论证明了其正交-完备性。说明连续变量的量子纠缠态理论上是存在的。

我进而对这两个可交换的算符的共同本征态做了积分形式的直积分解,发现它符合量子力学的基本假定(即测量一个力学量,系统就塌缩到该力学量的一个本征态上)。对于两个纠缠在一起的粒子系统,其直积分解表明,当我们测量第一个粒子的位置时,另一个粒子便塌缩到自己的坐标本征态;而改为测量第一个粒子的动量时,另一个粒子也相应地塌缩到其动量本征态。它们之间并无事先的信息传递,即第二个粒子并不知道第一个粒子是被测量坐标还是被测量动量。这个态的具体形式被发现,说明对第一个粒子的测量能够确定地预言第二个粒子相应的物理量而又未干扰它,于是两个粒子的坐标和动量都成为物理实在的元素。可是,海森伯的不确定原理却限定一个粒子的坐标和动量不能同时被精确地测定，按照爱因斯坦的“物理实在的每一个元素都必须在物理理论中有它的对应”——完备性判据，而现行的量子力学是不完备的。所以我的具体形式的纠缠态矢量是1935年爱因斯坦等三人的文章的确切补充。

纠缠态表象是双模压缩算符的自然表象，就像坐标表象是单模压缩算符的自然表象一样，而且连续的双模压缩态正是纠缠态。所以纠缠态表象在量子力学理论中不可或缺，值得学习量子力学的人领略。我随后又构建了多粒子量子纠缠态表象，用于求纠缠系统的波函数。

与有序算符内的积分理论一样，纠缠态表象理论在量子力学中的出现如“风声度竹有琴韵，月影写梅无墨痕”那般自然。

148
重阳节登高

2018年重阳节下午，我和张鹏飞乘兴去爬大蜀山，一边沿着石梯上行，一边仰首望蓝天，啊！天幕上嵌有道道平行的白痕，疏密有致，恰如云梯密密，伸向天边。这是上苍因为人间今天是重阳登高日，为了应和人们的攀爬也架起一条云梯路来助兴的吧。这令人遐想仙界也有阶梯，修正果之道路也须一步一步拾级而上。

环顾周围的游客都没注意到这一景观，因为我没有见到他们在仰视云彩，这是为什么呢？是因为他们缺乏想象力吧，抑或是他们缺乏联想力。要登高，有石梯最好，天助我吧，自然就会想到云梯，抬眼望，天上的云就被想象为阶梯了。

我于是想到科研的进步，如果缺乏想象力，就像周围的登山人看不到云梯的美那样，与发现失之交臂。可见，从平凡中发现不平凡的东西是多么不易啊。

噫！有的人善于识人，在人海茫茫中看到了心仪的他或她，可是不善于观物悟理。而有的人则相反，老天的造人真是不可捉摸啊。天情难却，天意难窥，这次老天在重阳节特地排布的云梯阵，除了我大概没有旁人能窥探到吧，我是否自我感觉良好，因自己是一个得天独厚的人而沾沾自喜呢？

结　语

我学研理论物理凡五十年，有几点经验。先是注重基本功，如种树要培好根，才有望结果。然后是用心专一，处若有所忘，行若有所遗，忽而若有所失，忽而若有所思。此阶段，心所向往的，手所推导出的，可能是简洁优美的理论吗？这只是痴人说梦罢了，因为在这个阶段物理感觉尚未培养成熟。如此又坚持了数年，有了物理通感，找到了能把物理思想引向深处的数学方法，终于可以做到得心应手，心里预期要达到的目标，能以手和纸拿演推导出来。那时作的论文，汩汩然好像如潮涌起来。又过了几年，我写的论文沛然莫御，居然有倒江泻河的气势，其原因是我找到了发展狄拉克符号法的途径。论文而且有醇(清纯，甜美)的特点，可谓一家之言。于是就抵达了第三阶段，善于将不同想法交融在一起形成一个更完整的物理目标去推导它。

以上这段思考的心路历程，说出来抽象，读者也未必有共鸣，但是如果不把它写出来，似乎就对不起自己写数百篇论文的磨难。现在，才大气盛，该轮到我立言了，出言有本，处心有道，行已有方，写必是自创的理论，授必讲存诗意的物理，把系统的学问授予后人，让他们加深对量子力学的理解。

于是，有人问我，你身为物理学人，关注物理理论进展如此投入，撰写论文和专著占时如此之多，怎么会弄起文学创作来？

我说，谈起文学创作，我不够格。因为研究物理五十多年，已经耽误了我的文学情愫与创作所需的浪漫和文科知识积累，潜移默化中我成了一个悬情于物理思索、求实核准的人，如同一个孤立的奇异振子，没有资格与周围的多模振子合拍。这本随笔，在文学家看来也许不值一哂。更何况我在物理学界也只是一个自已挣扎出来的人，怎会在文学界游刃有余呢？之所以写了这本有些文学色彩的书（或可称为科学笔记），是因为受了鲁迅先生的启发，他曾将科学小说《月界旅行》从日文翻译成中文，并在弁言中写道：

盖胪陈科学，常人讨厌之，阅不终篇，辄欲睡去，强人所难，势必然矣。惟借小说之能力，被优孟之衣冠，则虽析理谭玄，也能浸淫脑筋，不生厌倦……

如今我写本书也是为了让厌倦物理的人改变一些看法，减缓他们对物理望而却步之步伐。另一个目的是尽量将古代文人的一些理性思考与物理挂起钩来，让今人从一个新角度了解他们的智慧和情操。这符合爱因斯坦所说："我深知物质的力量，所以我深爱物理学。但是在研究物理学的过程中我越来越觉得，在物质的尽头，屹立的是精神。"

古人将学问分为义理之学、辞（词）之学、经济之学和考据学。若按此分类，物理学也许可勉强纳入考据学的范畴。古人云"好学而无常家"，我们研究物理学的人切莫对义理之学、辞之学、经济之学不闻不问啊。